黒猫ひじき

西村玲子

poplar

黒猫ひじき

CONTENTS

3

本書に登場する猫と犬たち

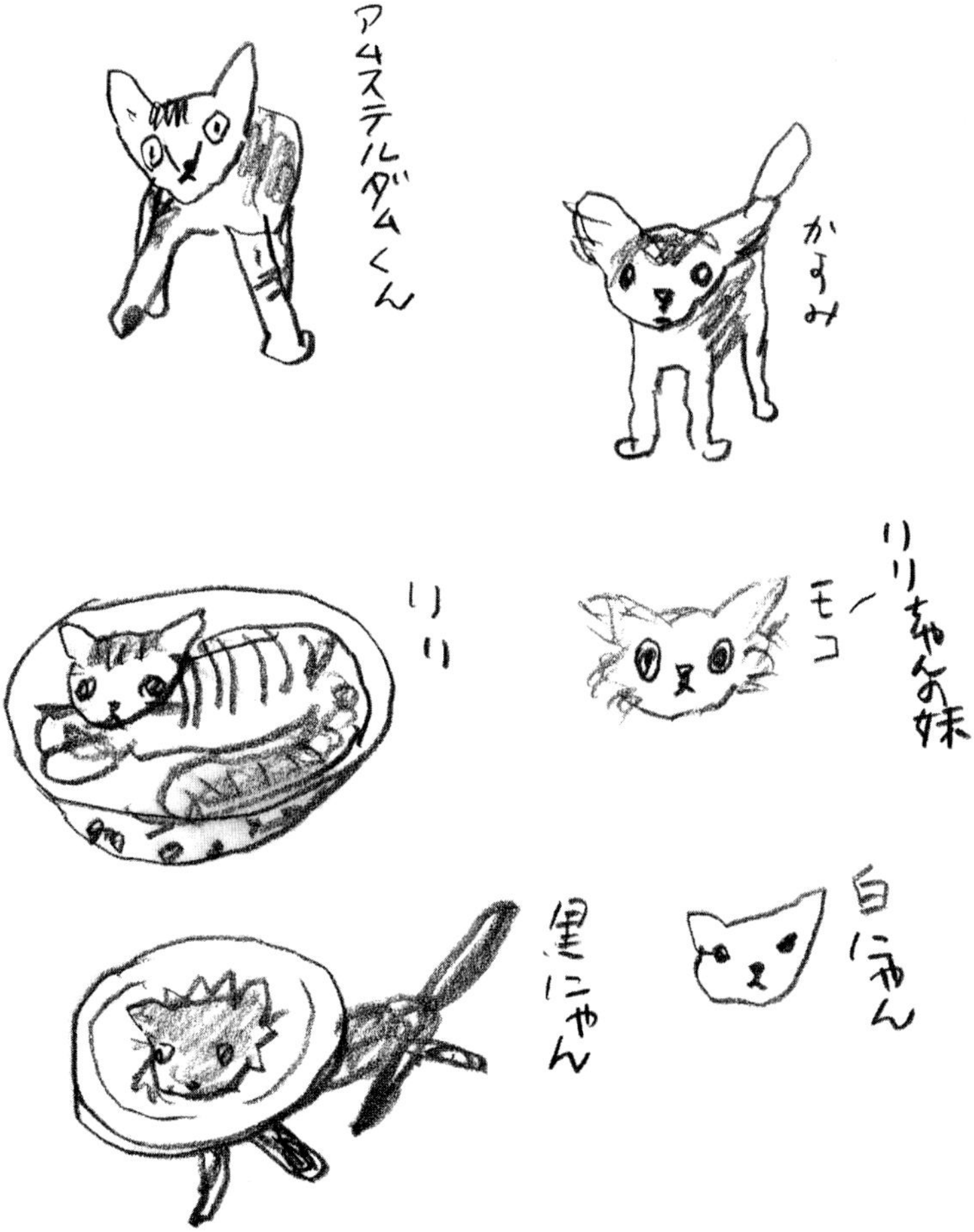
アムステルダムくん
かすみ
りり
りりちゃんの妹
モコ
白にゃん
黒にゃん

装画・挿絵　西村玲子

ブックデザイン　緒方修一＋宮古美智代

黒猫ひじき

1

黒い子猫

ある日、突然息子が連れてきたのが、黒猫ひじきだ。一人暮らししていたワンルームマンションで半年ほどこっそり飼っていたらしい。その1週間前、「お母さん、大変なんだよ、熱帯魚の水槽が割れて、水浸しになった。かすみを預かってくれないかな」

水槽が割れて部屋が水浸し、この状況は普通には理解しがたいと思われる。水槽は結構大きめのもので、部屋は小さめのワンルームマンションである。このアンバランスがこういう結果を生み出した。

かすみというのは、チワワの女の子で、彼が一人暮らしをするときに、一緒に連れていったのである。そのかすみが帰ってきた。その1週間後、

「お母さん、この猫も預かってくれる？」

息子が抱えていた黒い子猫を差し出した。

「えーっ、ちょっと待ってよ、どうしたの、この猫」

と、こういう状態で黒猫ひじきはやってきた。部屋が水浸しになった時点で連れてきたかったらしいが、内緒で飼っていたことが後ろめたかったのだろう。私の方も持ち家とはいえ、マンションではペット不可。チワワなら、なんとかごまかせたものの、元気そうな子猫が増えたらどうなるの、どうしよう。


「あのころのお母さんは、ひじきを嫌っていたね」

いま私がひじきをべったり可愛がっているのをみると、息子はすかさずいう。

「そんなことないわよ。可愛がっていました」

「いいえ、嫌っていました。ひじきが、おしっこやうんちの躾《しつけ》ができてないといって、怒っていました」

「うぐ、うぐ……」

それは、残念ながら真実である。ほんの一時だったが、ひじきはテレビの後ろや、箱の中などをマイトイレにしようと考えていたのだ。教え込むと、あっさりと猫用砂のトイレを覚えてくれた。

　その心配が消えると、それからは私も勝手なもので、ひじきに愛情をどぼどぼと注ぎだす。引っ掛かりが、可愛さにセーブをかけていたようだ。それがなくなると、可愛さのみに突入。

　話は外れるが、老後のいちばんの心配はトイレ。それさえクリアできれば、介護するのも、されるのも何も煩うことはないのである。猫から話が逸れたが、その心配さえなければ、愛情ある介護生活が送れるはず。

「娘にトイレの世話をかけたくないから、脚を鍛えているんですの」

90歳を超えた近所の女性、杖をつきながらも、何度も廊下を往復しておられた。

「お偉いですね。がんばってくださいね」

その1年後、世話をかける羽目になってしまわれたようだ。この、人間の答えのない問題に心痛めだすと、限りなく彷徨《さまよ》ってしまう私である。ひじきに戻ろう。

「ひじき、お母さんはね、ひじきを最初は嫌っていたんだよ。覚えてる？」

「やめなさい、ひじきが聞いてるでしょ」

ひじきは、心なしか私をアイアイサーの表情でみつめている。

「違うんだって、最初から大好きだったんだって。アイアイサーの目はやめてね」

さて。ここで、アイアイサーを説明しなければならない。ずっと前に「スピリッツ」という漫画雑誌に連載されていた、中川いさみ氏の漫画のキャラクターのひとつに、アイアイサーといいながら登場する、あれは何だろう、蛇かもしれないもの、がいたのである。その子の目が鋭くて、ひじきが不機嫌な顔をすると、息子と二人で、

「ひーくんが、また、アイアイサーの顔をしてるよ」

と笑いあったものだ。親子の絆とはこんな些細なことから生まれる。息子は老後をみてくれるのだろうか、また、そっち方面に心が引っ張られていく。

ひじきは、ごみの日に、小さな箱に入って捨てられていた。みーみー鳴いていて、気がついたらしい。連れて帰って、ひじきという名前をつけた。もちろ

ん黒いから、あの栄養のあるひじきを連想したらしい。

今では、栄養たっぷりな猫で、ひじきという名前を立派に表している。ひじき8キロ。いや、こんなには、と思うが、時すでに遅し。見事な体格になって、ダイエットもままならない。

ごみと一緒に捨てられていた、それを思うと泣けてくる。テレビで、早く泣ける人の勝負みたいなのをやっていることがあったが、私なら、このことを考えるだけで泣ける、もしかしたら、優勝するかもしれない。

捨てられたときの心細さはいかばかりか。ひじきの運命は息子に託された。そういう状況を把握していたら、トイレの躾などなんのその、あの時期の私を反省する。追い討ちをかけるように、

「お母さんはね、ひじきのこと嫌っていたんだよね」

それを、もういわんでください、シルヴプレ。

ひーこ、ひーきち、ひーたろう、なんこ、なんきち、なんたろう、のんちゃん、のこちゃん、ひじきあかちゃん、ちーくん、ちーこ、ちっちきちゃん……

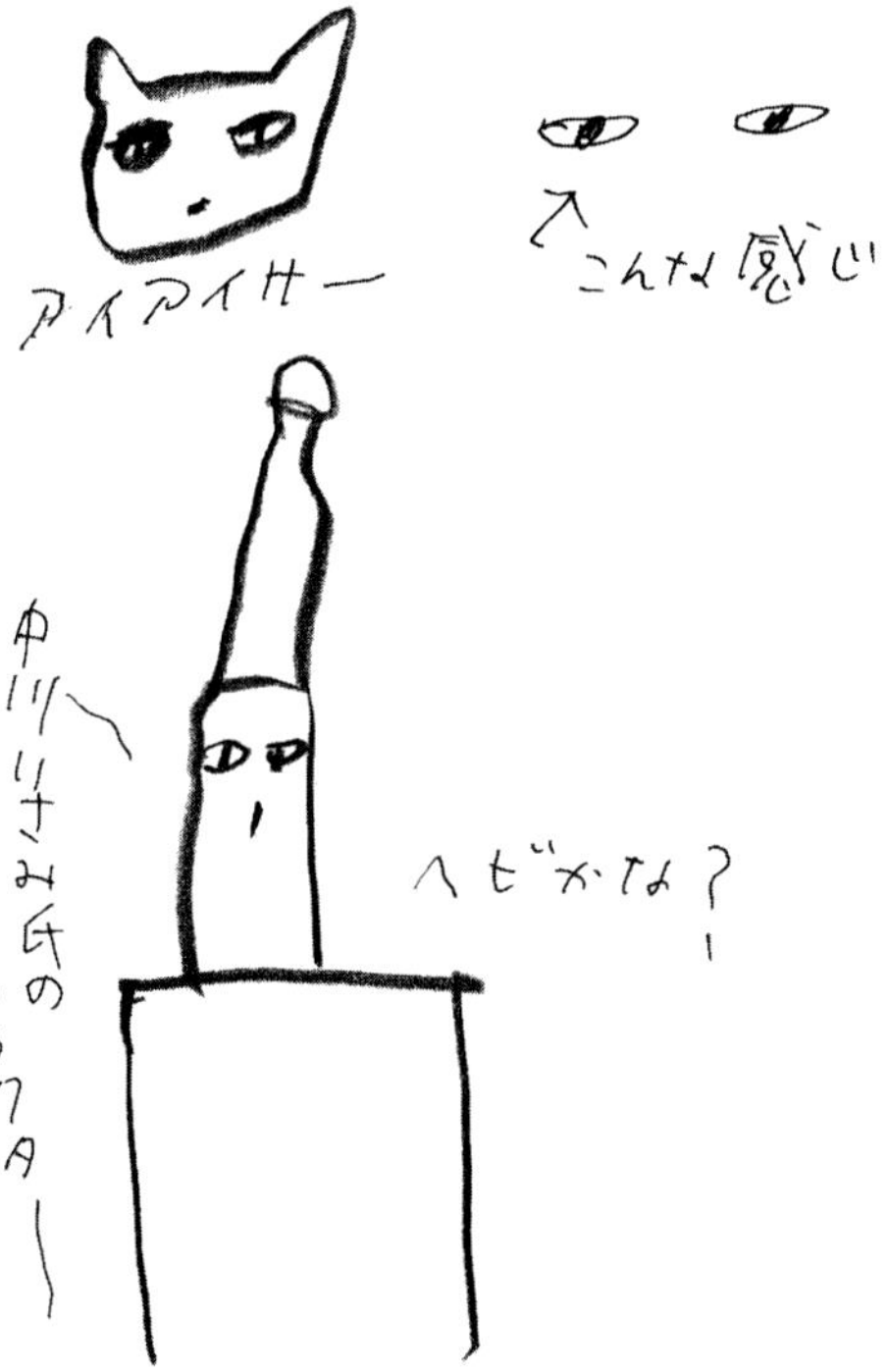
アイアイサー
こんな感じ
中川りさみ氏のキャラクター
ヘビかな?

ひじきを呼ぶとき、ありとあらゆる呼び名で呼んでいる。それは優に１００を超えるかもしれない。

子供たちが独立（結婚したわけではない）して、ひじきと二人暮らしになったいま、呼ばれると、ひじきは自分しかいないから、どんな名前で呼ばれようが嬉しく反応してくれる。テレビで、犬に食事をさせるときに、よし、と声をかけないと食べ始めてはいけない、という躾をしていた。飼い主が、わざと、よしいくぞうとか、よしこちゃんとか、違うことをいうので、その都度、前のめりになりながらも耐えていた。そこのところが面白くて可愛いのだが、猫には通用しないだろう、きっと。

知人の飼っているヨークシャテリア、食事する前に、お座り、ちんちん、お手、右手、左手と順番を躾ているらしい。大好物のちくわを見せると、その動作を同時にすばやくやって、かぶりつく。その様子を彼女がやって見せてくれるのが楽しい。もう一回やって、とリクエストする。本物を見てみたい。

猫はやらないだろうなあ、きっと。考えてみれば、猫はどんと構えていて、犬的に芸をして見せているのは人間なのでは、という気がする。彼らは、冷静で、好き勝手に動くから。そうなのそうなの、それがしたかったのね、はいはい。

ひーくんと呼べば、返事をすることもあれば、耳だけこちらにむけていることもあり、しっぽだけで返事をすることもある。そのいずれもが、可愛いのである。

「お返事してくれたの、いいこね」
「お耳だけ聞いてるの、かわいいね」
「しっぽがお返事してるの、かしこいね」
こう思うと、自分は猫に憧れはするものの、犬的な人間ではなかろうかと思う。気を遣い、しっぽふりふり、頑張ってしまう、犬的部分を減らし、猫的に生きていこう、せめて、これからの人生は気ままに、自分に素直に生きていこうと、ひじきの寝顔を見ながら思う。

3年前に他界したチワワのかすみは、犬でありながらも、気ままで気位の高い犬だった。体が小さく1・5キロしかないのだが、それゆえにだろうか、誰にも負けない自負心の持ち主で、自分を置いて出ていかれるのが大嫌い。玄関まで追いかけてきて、足やスカートに噛みつくのである。大型犬なら、怪我をするところである。

噛まれながらも、

「すぐ帰ってきますからね」

へらへらと笑いながら幸せいっぱいに出かけていくのである。動物と暮らすということは、無償の愛を与えることだ。そのときのひじきはというと、そういうことが、まるで目に入らないかのように、自分だけの世界を作っていた。

「ま、出て行くなら仕方ないけどご飯だけは用意しといてね」

という表情くらいしか見て取れない。全面的に阻止しようという無駄な努力はしないのだ。

2匹は、まったく違う性格と体格で（最初のころは同じような大きさだったのだが）、喧嘩もしなければ、格別仲良くするわけでもなく、それでも近くにいて寝ていたりするところを見れば、なんだか、いい関係を築いているようにも思えた。深く入り込まない、相手に強要しない、これって、なかなかできないことだが、見習わねば。でも、私は知っている、それがひじきの忍耐力、大らかさに起因していることを。

星空

ひじきの首の辺りを掻《か》きながら、話しかける。

「ひじきちゃんはね、こどものころ、元気いっぱいでじっとしていなかったのよ。棚の上のほうに置いてあるアンティークの器を、落っことして割ってくれたりね。でも、今思えば、壊れて良かったの。だって趣味ではなくなったしね。網戸に登って、爪の跡で穴が開いてね、おかげで蚊が入ってきて大変。でも、古くなっていたから仕方ないのね、取替え時期だったのよ」

気にしてはいけないと、フォローしながら話す。知ってか知らずか、その間、ずっとぐるぐる喉を鳴らしている。話も、かきかきもどちらも気に入っている様子である。

子猫というのはじっとしていないものだ。好奇心旺盛で、いろんな遊びを探し出してきては興じている。その遊びの中で、これはテレビものかなといういくつかがある。テレビに出して披露しても、わおーと絶賛されるに違いないのである。

それはマットレス綱渡り。ベッドのマットレスの横を、爪を引っ掛けてひょいひょいと右から左、左から右と、Uターンして、何度も繰り返すのである。おかげで、ベッドはびりびりのがりがりだが、得意そうなひじきの様子を見ているとと可愛くて仕方ないものだから、拍手までしてアンコールする始末である。あほといわれても仕方ない。

そのマットレスを処分するときは、さすがに困った。大型ごみとして連絡して、マンションの前に置いておくなど、死んでもできない。こんなマットレスにどこの誰が寝ていたのかと、話題になってしまうだろう。猫がやりました、ともいえない。飼ってはいけないことになっているのだから。

ベッドを新しくしたときに、マットを処分してもらうことにした。その代金が6000円。大型ごみにして出せば、200円ほどですんだはず。娘がいう。

「お母さんって、本当に経済観念が欠如しているんだから」

おっしゃる通り。経済観念がしっかりしているなら、マットを猫のおもちゃにはさせなかっただろう。

もうひとつの、ひじきのわおー。どんな扉も、鍵も開けてしまえるという、得意技をもっていた。夢中になって念じれば、岩をも通す、という諺《ことわざ》があったと思うが、それである。彼の場合は、外に出たいという意識がそうさせるのだ。日頃、私の動作をしっかりと観察して覚えるわけである。いつも傍にきては学習していたのだ。

たとえば、押し戸は飛び上がって、取っ手を下ろし、頭で押して開ける。鍵のかかったベランダへの窓は、近くの椅子や机に上がり、両手を使って、くるくると回して開ける。引き戸はいたって簡単だ。両手で引けばいい。

留守中に窓から落ちないように、窓の鍵をガムテープで貼り付けるなどしなければならず、大変であった。何度か飛び降りたこともあったし、ま、この件については別の項で話したい。ガムテープをはがした跡が残って汚らしい。そこで思い出したのが、取材で伺った、アムステルダムのKさん宅。

23　星空

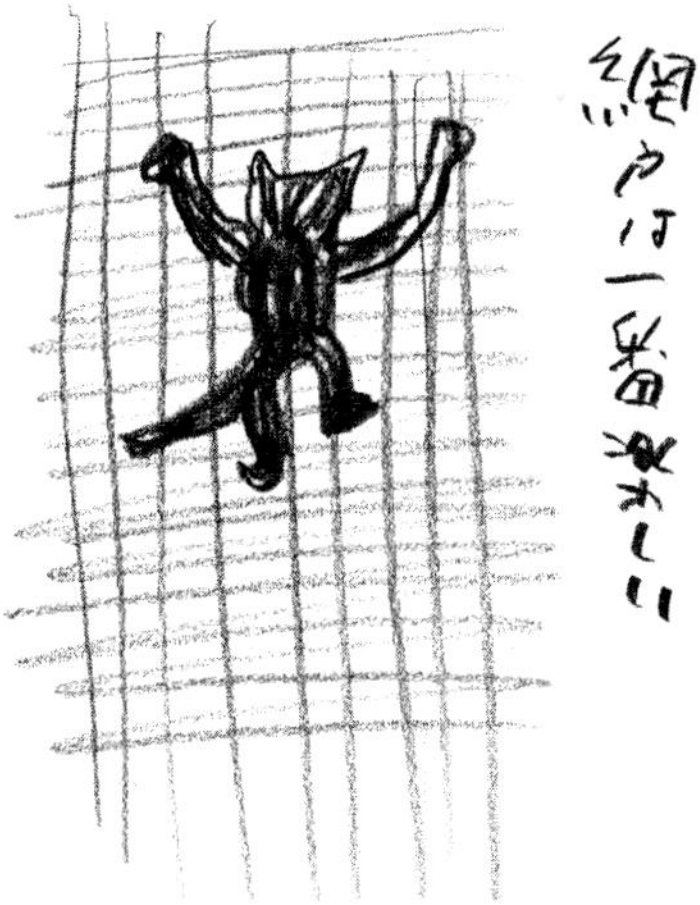
網戸は一番楽しい

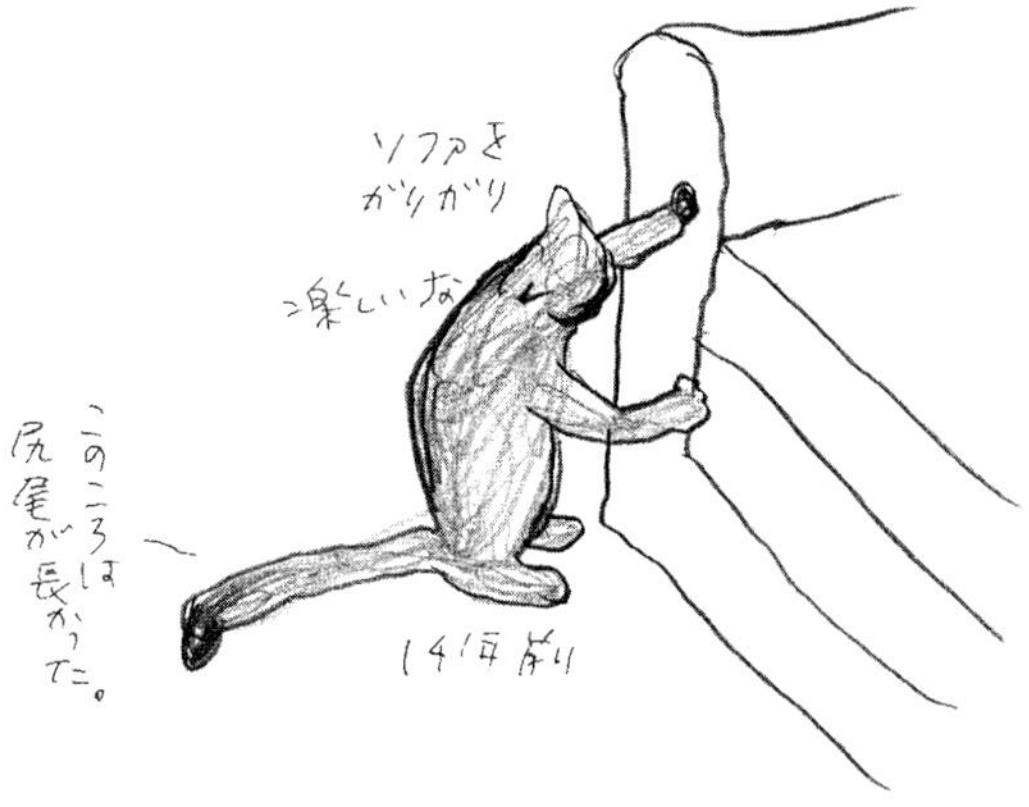
ソファを
がりがり
楽しいな
このころは
尻尾が長かった。
14年前

アムステルダムのいろんな場所で花を生けるという、雑誌の仕事だった。後にも先にも花を生けるという仕事はそれだけ。専門でもないのに、好きなだけで、大丈夫、やれるやれる、と引き受けた。アムステルダムに行ってみたかったのだ。

そのKさんのお宅に、白と黒がバランス良く交ざった可愛い子猫がいた。聞くと、この子が来る前にいた猫が車に轢《ひ》かれて死んでしまって、その悲しみから逃れるために、この子を飼ったのだとか。

「前の子が寝ていたクッションよ。前の子の毛がついているので、ずっとそのまま。それから、ここ見て。窓に鼻をこすりつけて、外を見るのが好きだったの。だから、ガラスも磨けないまま」

猫好きの私に、彼女はいろいろ思い出話を語ってくれる。辛さ、寂しさがひしひしと伝わってくる。

ガムテープの跡は、思い出の入り口のひとつに完全になりうるな。それから、いつもひじきが座って表を見ている、大きな丸い鉢。六本木、アクシスビルの植物のお店で買ったジャスミンの鉢。見事に蔓を伸ばして咲き誇っていたジャスミン。そこにひじきがどっしりと陣取るものだから、次第に、彼の要望どおりの形に変化してきてしまった。クッション化してきたのである。

今では、ジャスミンは完全になくなり、柔らかな芝のようなものが生えていて、ひじきには具合が良さそうなのである。水撒きもその鉢は控える。夜、彼がそこから出てきて、眠りにつこうというときに、水をやる。柔らかな草のために。

買ったときは、そんな運命にあるとは思わなかった鉢。不思議なえにしのようなものを感じる。これなども思い出のものとしてベランダに存在し、私は見るたびに、そこにじっとしていた黒い塊のような、ひじきを思い出すのだろう。黒い塊、特に、夜の暗くなったベランダでのひじきは、一目では見つからない。ようく目を凝らして見ると、やっぱり、あの鉢の上にいるのだ。黒い塊となって。

生きているものはいなくなる。死、ということ以外にも、人は別れを繰り返していく運命にあるのだ。そして新しい出会いや物事が始まっていく。このままずっと、続いていく幻想を抱きながら、いろんな人や物事がするりと抜け落ちていく。しっかりと、摑んでいたはずなのに抜け落ちて、元に戻らない。

そんな諦めの中で暮らしてはいても、ペットの死は辛い。悲しみと同時に罪悪感も芽生えるのだから。もっと早く病院に連れて行っていれば、とか、逆に、この病院を選んだのが良くなかった、ということもあるだろうし、忙しくしていて、体調の悪さに気がつかなかった、それとも、車の通る場所に遊びに行かせるのではなかった、などなどいろいろ。

このひじきにも、数年でそういう日がくるのである。現在16歳、充分覚悟しなければいけない年齢。覚悟する前に、そういう日が来ることを考えたくなくて、暮らしているのが日常。いつまでも続いていく幻想を持ち続けている。ペットと暮らしている人は誰も、彼らがいなくなった生活など、考えられないでいるはず。

3年前に、かすみが亡くなったのは暑い夏だった。その1ヶ月後に、親友を亡くした。ショックが、ショックに覆いかぶさる形で訪れて、かすみに対するペットロス感が幸か不幸か薄らいだ形を取った。しかし、じわじわと喪失感に

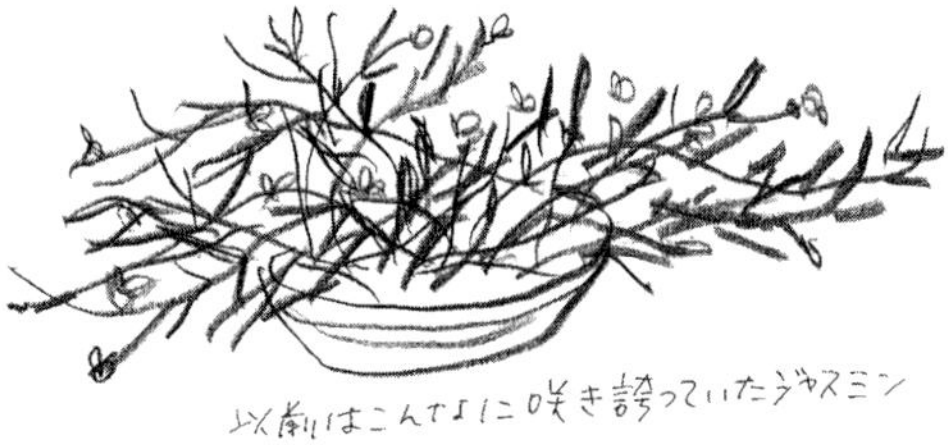
以前はこんなに咲き誇っていたジャスミン

ベランダで何時間（そこまでいないか）
も外を見ている。
少し切ない。

苛まれることになる。

あの子の足音、あの子の居場所、あの子の鳴き声、あの子の香り。ひじきは、突然いなくなってしまったかすみのことを、どう思っているのだろうか。

「あのね、かすみちゃんはお星様になってしまったの。ひじきちゃんとはもう会えないけれど見守ってるよって。ひじきちゃんは、私の分も長生きして可愛がってもらいなさいって」

つい感傷的になって、涙声でひじきに教える。彼だって知りたいに違いない。納得したのかどうか、丸い瞳で一生懸命私の顔を見つめている。この、亡くなった人たちがお星様になるというロマンティックな幻想は、非科学的ながらも、生き残っている私たちの癒しである。

「星になって見守っています」

はっきり、私にこういってくれたのは10年前に亡くなったAさんだった。10年前、毎日のようにAさんのメッセージとも受けとれる夢を見ていた。その筆頭が、星になって見守っています、という言葉だった。どの星が彼なのだろう、一番輝いている星がそうなのかもしれない。かすみもどこかの星にいて、見守っていてくれるのかもしれない。

　Aさんは動物が大好きな人だった。彼と最後に会ったとき、

「ひじきちゃんと、かすみちゃんは元気？」

思えば、元気に大事に育ててあげてね、というメッセージだったのだろう。一緒に歩いていると出会う犬や猫に挨拶せずにはいられない人だった。にゃにゃちゃん、元気だった？　ころちゃん、おいでおいで、ぼんちゃん、太ったんじゃない、とか、座り込んで動物目線で話しかける。

「名前よく知っているのね」

「知らないよ、勝手に名前付けてるだけ」

　東京に来て、2番目に飼った猫はAさんと一緒に連れて帰ってきた猫である。名前をミルクと名付けた。アメリカの漫画に出てくる白と黒のフィリックスちゃんに似ていた。ミルクも、わおーと驚かれる数々の表彰状を持っていた。実際にはそんなものは存在しないが、私は秘かに心の中にしまっている。ミルクの話もひじきが嫉妬しなければ話してみたいと思う。

ミルクのいた頃

梅雨の晴れ間のせいか、蒸し暑い日が続いている。こういうときのひじきの居場所は、玄関のテラコッタの床。そこも温まってくると、バスルームのタイル、日が落ちると、ベランダで過ごす。昨夜も私が無理やりつれて入るまで、そこに寝そべっていた。午前3時、そろそろ寝ましょうか、と声を掛けるが動こうとしない。耳はこちらを向いて、目はぱっちり。

「ここを、戸締りしておかないと駄目なのよ。だから、おうちに入ってちょうだい」

涼しくてここがいい、といいたいのだろう。仕方ない、抱えようとすると、後ろ足で私の腕を払いのけようとするが、何とか部屋に入れる。か細い声で抵

ひじきお風呂場で寝るの図
その1

抗しているが、だって、3時よ。

外を遊びまわっていたころのひじきのお気に入りの居場所は、マンションと隣の敷地との間にあるコンクリート塀の上だった。植え込みの緑はあるし、風は通るしで、さぞかし気持ちがいいだろう。ひじきだけが快適な場所を見つける天才ではなくて、猫の特性。その証拠に、野良猫が、ひじきより先にそこを陣取っていたりすることもあった。その日によって、諦めたり、主張してふーっと一喝、座を取り戻すこともあったようだ。私は、3階の窓からその様子を眺めてやきもきしているわけである。

渋谷に住んでいたころに拾ってきたミルク。ミルクの居場所は屋根の上だった。

ミルクが家にやって来たいきさつから始めたい。家に帰る途中、道端の茂みで子猫の声が聞こえた。例によってAさんが座り込んで、ねこちゃん、ねこちゃんと呼んだら、出てきてAさんの手のひらに乗った。生まれて6ヶ月くらいだろうか、しっかりした子猫だ。

「野良猫にしては慣れてるね。ねこちゃん、いい子だね」

　すると、その向かいの家の窓が開いて、高校生くらいの男の子が、

「すみません、その猫、飼ってやってくれませんか？　とっても可愛い子なんです。そこに捨てられていて、うちで飼おうとしたんですけど、飼っている猫と相性が悪くて、仕方なくて。是非、飼ってやってください」

　その高校生の、熱意が伝わる。

「西村さん、飼おうよ、飼ってやろうよ」

Aさんはまるで、一緒に暮らしている夫婦のように、

「うちでこの子は育てるよ。可愛がりますから心配しないでね」

　ありがとうございます、よろしくお願いします、ぺこぺこ頭を下げる高校生が可愛かった。

　ミルクはこうしてやってきた。

「さあ、ここが猫ちゃんのお家だよ」

入るやいなや、Aさんの抱っこしていた腕にミルクはおしっこをした。これからの野生児ぶりを発揮する序章であった。すぐに、牛乳をお皿に入れると、すごい勢いでペチャペチャと飲んだ。名前は即ミルクに決めた。子供のころに大

阪の実家に猫がいた。それ以来のことだ。正確に言うと、その前にクッキーという猫がいた。辛い思い出で、そのうちにお話しすることになると思う。いま思えば、実家で猫を飼っていた頃の意識を、そのまま持ち込んでいたのは間違いだったと思う。やるべきことは、まずお医者さんに連れていって、健康診断、ワクチンの注射を受ける。そういう知識もないまま、野生児ミルクを、野生児のまま育てていた。

渋谷に借りていた家は、マンションでもなく、一軒家でもなく、一軒家風のつくりで、それだから、ミルクは気ままに、出たり入ったり時間もまったく気にすることがなかった。あるときは、私の寝ている足元に鳩の死んだのを置いておいたり、雀をくわえてきたり、私と子供たちはきゃーきゃーと悲鳴を上げて怖がっていた。猫は、ご主人様に喜んでもらおうとそういうことをする、と聞いたことがあるが、それは、映画『ゴッドファーザー』さながらの恐怖であった。

そんなわけで、ミルクがいつ帰ってくるやもしれず、玄関以外の窓やベランダは、ミルクの幅だけ開けていた。あのころは、いまのように空き巣などの心配はなく、というか、情報もなく、ミルク中心の家になっていた。みんなで出かけるとき、戸締りの心配よりは、ミルクの入り口開けといた？　いっけない、僕の部屋の窓閉めてきちゃった。ほらほら、開けとかなきゃミルクが帰ってくれないでしょ、開いてないとどっかへいっちゃうわよ、と、野生児ミルクが帰ってこなくなるのが、家族の一番の不安であった。それならば、閉め切って、外に出さなければいい、とは考えなかった。外で遊べないミルクの怒りに触れたくなかった。

ひじきにもそんな時期があった。ひじきは基本的に穏やかな猫である。ミルクとはそこのところが違う。ミルクは野生児時代が長かったせいか、クールに人間には頼らないよ、という風情がある。ひじきも、外で遊びたい、そのためには鍵も開けます、ベランダのフェンスに登って、屋根に飛び移り、屋根から階段に降り、一気にマンションの裏庭に、そこからは自由自在。そんな危ない思いをするなら、私も諦めて素直に従う。

「じゃ、いいよ、おんもに行ってらっしゃい。迎えに行ったら帰ってきてよ。

危ないところには行かないのよ」

といってきかせながら、玄関をしぶしぶ開けて出してあげる。ここまできても、しぶしぶである。彼は喜びを全身にまとって、勢いよく、しかし、慎重に誰にも会わないようにと階段を下りていく。そのときなら、まだ連れ戻せる、と、私はあくまでもしぶしぶ。このまま帰ってこなくなるのではないか、車に轢かれて死んでしまうのではないか、猫エイズにかからないだろうか。階段を下りているひじきを、待って、今日はおうちにいましょうね、と連れ帰ったことがある。しかし、この行為は悪い結果を生んだ。ひじきは、玄関から出ると、慎重にではあるが、私が見ているとわかると、加速していなくなるようになった。出してしまうと、帰ってくるまで、何も手につかなくなる。そんなに子供を信用しなくてどうするのよ、この過保護な馬鹿親が、と分かっていても、15分おきに窓や、ベランダからひじきの姿を探すのである。

ミルクの場合は、帰ってくるでしょう、あの子は心配ないという自信があった。それは、昔の、実家での猫育てに基づいていたからだ。時代だ。空き巣の心配もしなければ、子供だけで、自由に遊ばせたり、買い物に行かせたり、そ

ん、トイレだね
ヒヨコ　ヒヨコ

はいはい
トイレ
行きましょうね。
また、
ついてきた

んな自由さが犯罪を増やした、ともいえるのかもしれない。平和にあぐらをかいていたら、平和が危うくなった。

子供が小学生、低学年のころだ。

「お刺身買ってきてくれる？　中トロ二人前ね」

はーい、兄妹は坂を下りたところの角にある魚屋に。しばらくして、血相を変えてばたばたと二人が帰ってきた。兄は大変だよといいながらもどこか、へらへらしている。妹は青い顔で口をパクパク。二人とも、いま起きたことを信じられない様子だ。

「一体どうしたの？　お刺身は？」

「変なおじさんが追いかけてきて、お尻をつかんだの。それで、お刺身もお釣りもみんな落としてきちゃった」

「まあ、そんな変な人がいるんだ、探しに行って怒ってこよう。どっちに行ったの？　一緒に来て」

「やだー。こわいよ」

「だって、一言いってやらなければ」

娘は、いやだといってついてこない。息子がこっちだよ、と現場に向かった。そこにはお刺身がばらばらになって落ちていた。お釣りの小銭はどこにもなかった。

「おまけにお金までひろったんだ、呆れた」

「おかあさん、あそこにいる、ほら」

20メートルほど先に、その男はいた。いつも見かけるホームレス風の、50歳ぐらいだろうか。

「あの人なら、よく見かけるわ。ぶつぶついいながら歩いてて。やっぱり、やめよ、帰りましょう。なんか言ったら、何されるか分からないし。怖かったね。可哀想だったね。でも、お刺身は持ったままでも逃げられたかもね」

このついでに出た本音が、いつまでも彼らから攻撃されることになろうとは。時代は、この辺りからじわじわと平和が脅かされてきた。さすがに脳天気な私も気を引き締めて子供たちを守り抜き、彼らも三十路《みそじ》を迎えた。ミルクは彼らの子供時代にともに暮らした。3年ほどの短い間だった。

ジャンプ！

「さあ、ひじきちゃん、ねんねしましょう」

パソコンを閉じて足元にいるひじきに声を掛ける。やっと寝るのね、という顔をしてこちらを見る。いくわよ、といっても、すぐに来る子ではない。かすみは、ベッドルームに向かうとみるや、先に行ってベッドで、しっぽを振っていた。ひじきは、そのまま動かない。ベッドで、いつやってきてくれるのかと、左側を開けて待っているのだが、いつものようにやってきてくれない。これじゃ、ひじきには狭いか。私4、ひじき6の空間を作る。そのうち、とことこというフローリングを歩いてくる嬉しい音がする。きたぞ、きたきた。掛け布団をずらして、ひじきが着地し易いようにと用意する。

「ひーくん、きたの、はいはい、おいで」

　ぱんぱんとベッドの空間をたたく。あの体でふわっと飛び上がって私の横にきた。若いころならなんてことはない。行ったり来たり上がったり降りたり、見ているだけでも目まぐるしい日常は空気のように目の端にあった。年齢を人間の歳に換算したくはないのだが、シニアである。シニア同士、相憐れむといところだろうか、とにかく、飛び上がれるのはこのベッド、ソファの高さまでである。50センチが限界だろう。

　友人のところに20歳だというシャム猫がいる。やせた女の子、というかマダムである。そのマダムが友人とお茶をしているとひょいと飛び乗ってきた。

「いつまでもお行儀が悪くてごめんなさい」

「いーえ、それより、何、この身軽さ、驚いた。羨ましいわ」

　心底、羨ましかった。ひじきがこんなに太っていなければ、今頃、彼もあちらこちらにぴょんぴょんと飛び乗れていたのかもしれない。

　さて、ひじきがベッドに飛び上がって1。2で私の枕のところまで寄ってくる。3は後ろ足で座り、4でころんと倒れる。これで寝る体勢ができた。頭は枕にちょこんと乗せている。向き合って寝るかすみとは逆で、頭がこちら。そのほうが落ち着くのだろう。5でぐるぐるぐる、ひじきが喜びを隠せないでいる。

そのうち、ぐるぐるが収まると、ぐーすか、ぴーすか、むにゃむにゃといいながら眠りに入っていく。私はその一部始終を確認し頭を撫でながら眠りに落ちていく。ところが、撫でだすとまた目覚めてぐるぐるが始まる。

「ごめんごめん、ゆっくり寝なさいね」

私が思うに、猫って寝ているときは言葉を喋っている。夢の中では上手に言葉を操っているのだ。話しても分かってもらえなかった日中のストレスを全て夢の中で解消しているのでは。

「あのときのにゃー、はね、お水が欲しかったのだよ。あ、それからね、雨が降ってきたって教えてあげたのだけど、気が付いてくれたのだね、すぐ、洗濯物をとりこんでたものね」

内容は定かではないが、寝言をいうときにもにゃーというのが、猫のあるべき姿なのに、ひじきは、うにゅにゅ、しゅーふー、ぐにゅる、しゅりゅはー、

43　ジャンプ！

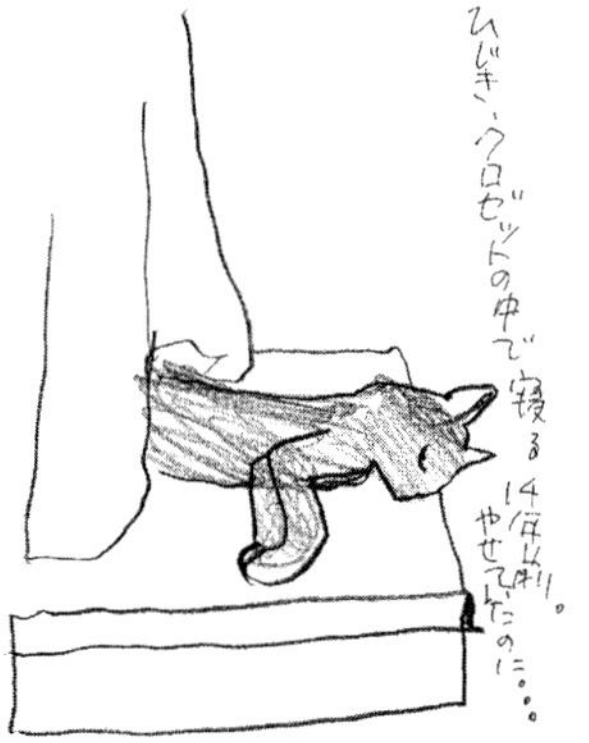
ひびき、クロゼットの中で寝る
14年ぶり。
やせていたのに…。

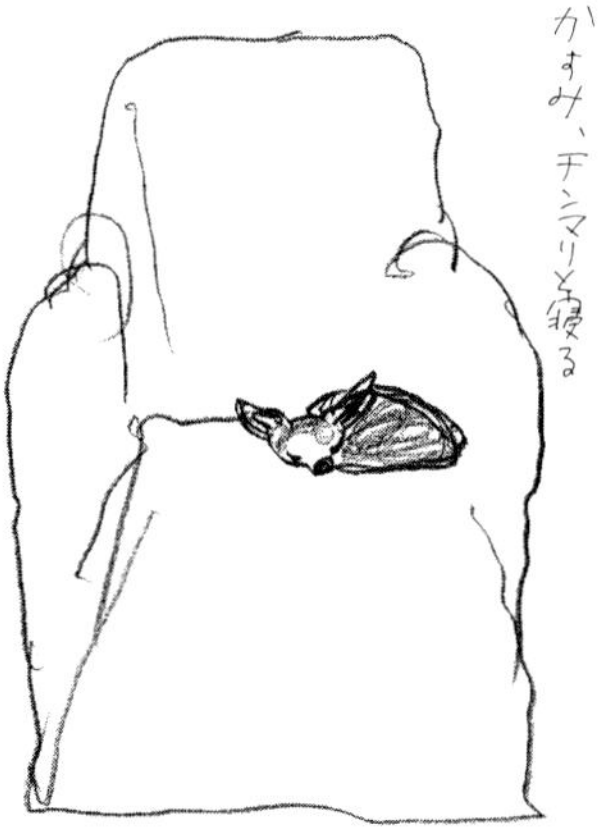
かすみ、チンマリと寝る

あきらかに言語ではないか。

　かすみがいるときは、ひじきは遠慮していた。寝るときもソファに座っているときも、要するに静止状態にあるときは、かすみが私を占領していた。ひじきは付かず離れずの距離に控えていた。その姿がたまらなくいじらしくて、ひじきちゃん、かわいいこ、と爆発状態になりながらだっこすると、かすみがいじいじと寂しそうにしていたり、うなったり、無理やり割って入ったり、私は2匹の間でこうもりのようにばたばたしていた。

　かすみがいなくなって、ひじきがこうして控えめながらやってくるようになった。それでも、目が覚めると、必ずもとの場所にはいない。ベッドの足元のほうで丸くなっているか、床にねそべっているか、私の起きるのを待ちながらのポーズである。

「ひーくん、おはよう」

「にゃー」

　これが1日の始まりである。あんなに、夢の中でべらべら喋っていたのに、にゃーしか言わなくなっている。もしかしたら、彼も夢の中で喋れていることに気が付いてないのかもしれない。
「ご飯あげましょうね」
「ぐるにゃーん」

年齢とともに穏やかに、ゆったりと日常を過ごしているひじきと比べて、相変わらずあたふたと日常と闘っている私である。仕事はともかく、人との関わり合いがこのところ面白い。年齢は、私たちが大切にしていきたいものに目覚めさせてくれた。無駄のない、きちんと確実に心に残る一日の作り方ができる。たとえ、3時間も長々とカフェでお喋りしたとしても、それまでになかった深さにまで達して、ほんとうにそうよね、と新たな自分を発見していたりする。それは、友人との相互作用で何倍にも貴重なものとなる。

何が、若いときと違うのだろうと考える。人生、長く生きてきて、経験が共通点の多さにつながっていくのだろう。共鳴しあうこと、デュエットの如しである。人間どうしだけではなく、猫、ひじきとの間にもそれは見られる。言葉を超えた絆が我々の内面へ浸透していく。

思うに、いい友情関係を築ける間柄って、年齢、性別、人種、生きているもの、全てに通じることは、オープンマインドであること。しっかり閉じられた場所はなく、するする入っていける気持ちよさ。かといっても、あけっぴろげの節度の無さではなく、節度のある信頼関係ってとところだろうか。

息子のところに、アビシニアンがいる。2歳になった。名前はブリー。彼女は私に打ち解けてくれない。息子が旅行で空けるときに預かるのだが、なついてくれないのだ。こちらのほうが根負けして、なついてもらおうと、へらへらすりよっていこうものなら、しゃーと蛇のような声で一喝される。顔も、これ以上はないというくらいの威嚇《いかくがお》顔である。そばにいたひじきも驚いていた。

「ねー、ひじきちゃん、そこまで嫌わなくてもね。ブリーちゃんの大好きなかうちゃんのお母さんなのよ。かうちゃんを産んだのよ。有難がってくれても良さそうなものだけどね。ねー、ひじきちゃん」

「そうだ、そうだ、有難がってやりなさい」

心では、ひじきもそう言ってくれているはず。

さすがに、1週間も預かっていると、後半は何となく傍にいたりするように

段差を利用して
あるときはこんな。

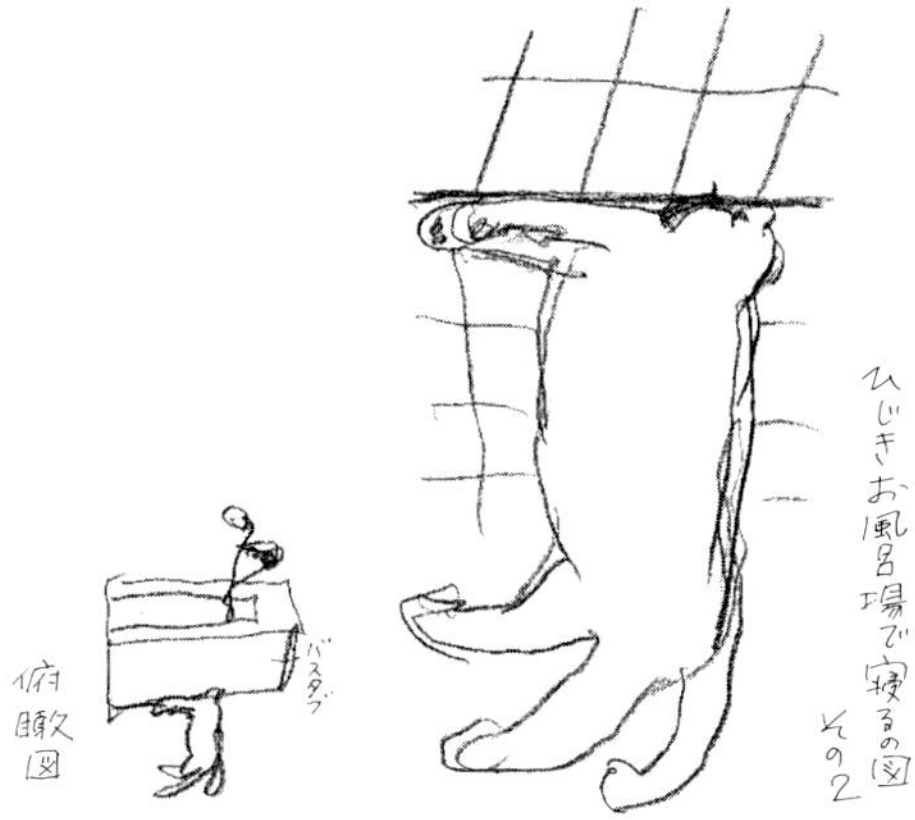
ひじきお風呂場で寝るの図
その2
バスタブ
俯瞰図

なったが、それでも、油断すると蛇声で威嚇される。アビシニアンは利口で優雅な猫である。気位も高いのだろう。狸《たぬき》のようなデブ猫のひじきとは出が違うざます、といっているようだ。

しかし、一番最初にうちでひじきと対面したときは、ブリーはひじきの虜《とりこ》になったのだ。どうしてだか分からないが、ひじきに、ぐるぐると近づいて嫌がられていた。ひじきにしたら、若い小娘が迷惑だったに違いない。どこどこまでも追いかけて、ひじきがゆったりと休めないのである。ブリーのぐるぐると追いかける声と、にゃーにゃーと悲しがるひじきの声が止まない。

「ブリーちゃんも、諦めて頂戴ね。ひじきもちょっと、遊べばいいじゃない、そんなに逃げ回らなくても」

仕事しながら、今日も聞こえるぐるぐる、にゃーにゃー。と思ってふと見ると、ひじきはソファで寝ていた。ということは、とブリーを探してみると、彼女が一人二役を演じていた。これって、落語の落ちに使えないかな。ひじきにしたら、馬鹿にされているような。

頭のいい娘っこです。

猫のプライド

子猫は瞬く間に大人になってしまう。そのころの思い出が少ないのは、息子のところから来た時点で、大人への準備段階に入っていたからだろう。日に日に大きくなっていくから、記憶が消しゴムで消されていくかのようである。もったいない。かすみは、2ヶ月でうちにやってきて、ケージに入れて、ミルクを飲ませて、寝る時間を決めて、みんなで見守りながら大きくした。そういう経緯がひじきにはないから、思い出が乏しくもったいないのだ。が、元気でぴちぴちとしていたひじきの思い出話を息子とするときは、次々と出てくる、出てくる。

ひじきは好奇心の強い猫である。模様替えなどしていると必ずやってきて、移動した場所を確かめたり、移動するテーブルの上に乗ったり、開いた引き出しの中に入りたがった。邪魔なのである。ひじき待ちで、模様替えの手を止めて休憩する。

「ひじきちゃん、そこどいてくれなきゃ、いすが置けないよ」

「あらら、ひじきちゃん、その中に入ってくれたら閉められないのだけどな」

急ぐ必要はないから、ま、いいか。

ミルクのことを思い出した。彼は、もちろん好奇心も旺盛だし、わがままものである。頑固である。ある日、渋谷の自宅で仕事の撮影があった。カメラマンがトレーシングペーパーで三方を囲い、そこに、出来上がった私の手作りを置いて撮影しようとしていた。そこへミルクがやってきて、真ん中に入ってごろんと寝転んだのである。

「ミルクちゃん、駄目よ。お仕事の邪魔でしょ。出なさい」

そんなことに、耳を貸す子ではない。知らん顔してのびのびとしている。

「すみませんね」

普通なら、なんてかわいいの、とほっとくのだが、そうはいかない。無理や

模様替え好きひじき
このテーブルこっちね
必ず乗っている
オモッ

こっちかな
ワーイ
オモッ

り抱きかかえて、子供部屋に閉じ込めた。すると、子供部屋の開いていた窓から撮影している部屋の窓（こちらも開けていた）に、何とカーブして飛び込んできたのである。これにはさすがに驚いた。頭を使うのもほどほどにしてほしい、猫なのだから。多少、おっとりとしてもいいじゃないの、え、ミルクちゃん。

こちらに注目してもらいたくて、というのはかすみの特権だった。ひじきはそういうところがない。飼い主に似ているのだ。かすみは、長電話でもしているようものなら、横できゃんきゃんと主張する。それも無視していると、噛んでくる。娘と二人で笑いあって話していると、間に無理やり入ってくる。面白がってわざとそうさせたりもしたけれど、犬って、愛されている確たる証拠がないと寂しいのだろう。私はやっぱり犬に生まれ変わるのはいや。何だか辛すぎる。猫に生まれ変わって、達観していたいと思う。

ミルクのそれは、寂しい、嫉妬、そういうものではない。あくまでも、存在感の主張であって、プライドである。彼が出て行ったきりいなくなってしまったのも、プライドのなせる業であった、と思う。どういう風に猫と付き合うかは、その子の性格を把握していないと大変だ。一括りに猫はこういうもの、と判断すべきではないのだ。ミルクは出ていった。プライドを背負って。

可愛がっていたミルクが帰ってこなくなったのは、ひとえに私の手落ちであった。出たり入ったりを自由奔放に繰り返していたミルクだから、お正月の3日間くらいの留守は、餌さえ置いておけば平気だろうと考えていた。この間も、息子とミルクの思い出話になった。あの頃って、猫を飼うという姿勢ができてなかったよね、ぼくたち。

「本当にそう。今から考えるとなんだったのだろう。こんなに今は、過保護で猫中心なのにね」

責任を当時小学生だった息子に半分背負ってもらってほっとするなど、何たる母親だ。子猫と同じくらいに幼かった息子に責任はござんせん。私の、昔式の猫経験がそうさせていただけで、それに野生児ミルクの強さにすがったと言うほかないのである。

何の不安も抱かないで大阪から帰ってきて驚いた。餌が入ったままの状態で、ミルクはいなかった。その晩も次の日もいつものように帰ってきてはくれなかった。1週間待っても帰ってこない。探し歩いたが見つからない。子供たちが猫の絵を描いて、張り紙をしたらしい。ある日、お宅の張り紙をみて、と電話がかかり、それがわかった。

「絵にそっくりの猫を今、預かっているんですよ。もしかしたらミルクちゃんではないかしら」

　場所を聞いて、子供たちが見に行ってきた。なんで、私が行かなかったのだろう。忙しかったのだろうか。この頃、とにかく仕事が忙しかったのである。

帰ってきた子供たちが、

「ミルクだったよ、ミルクがいたよ」

「そうだったの、じゃ、一緒に取りに行きましょう」

わくわく、どきどきはやる胸をどうにか静め、そのお宅に向かった。なんとそこにいたのは、似ても似つかないきじとらの猫。親切なその人は、かつおぶしまで一緒に用意して手渡しせんと、にこにこ顔だ。

　一瞬、人の好さで、そうです、ミルクです、ありがとうございました、と引き受けようかと迷った。が、

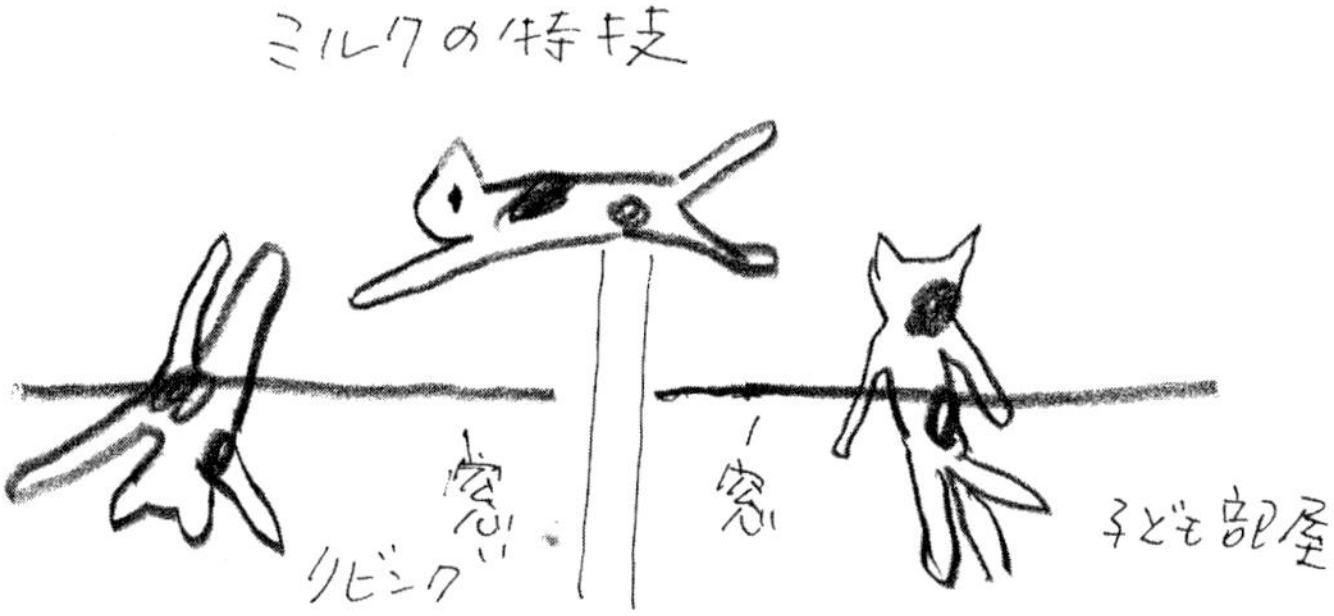
ミルクの特技
窓
窓
リビング
子ども部屋

どうだ!
ニャー

「ごめんなさい、この子はミルクではありません。子供たちは猫が欲しくて、どの子でもよかったんだと思いますけど、うちのミルクは黒と白なんです。本当にご迷惑おかけしました」

一瞬、ぽかんとしていたその人も、事情がのみ込めたようで納得してくれた。逃げるように帰る途中、

「あの猫でも飼いたいよ」

子供二人の意見は一致していた。

「あのね、お母さんだって、猫が飼いたいわよ。だけどね、ミルクが帰ってきたときに、知らない猫がいたら、悲しんで、また出ていっちゃうわよ」

その説明で子供たちも納得したようだった。それからも、毎日ミルク探しが続いた。しかし、どこにいってしまったのだろう。ミルクは永久に帰ってこなかった。

世田谷に越すことになったのは、それからまもなくだった。ミルクはまだ渋谷近辺にいたのだろうか。新しい家は、マンションだし、動物は禁じられている。そういう流れが自然にできていたのかもしれない。

流れに沿って物事が変わっていく、ということには、大いなる失望や悲しみ、残酷な思いも伴ってくるようだ。

息子と私が、マンションの階段のところで、見たことのない小動物を見つけた。リスのようでもあり、毛が柔らかで気持ちいい。とにかく、ここにいるってことは、マンションの誰かが飼っていて、逃げてしまって困っているのかもしれない、悲しんでいると思うよ、と、一軒一軒、連れていって尋ねてみたが、どこのものでもなかった。さあ、困った。

「お医者さんに連れていってみる。何の種類かとかきいてくるよ」

結果はチンチラで、行き場の無いチンチラは、うちで飼うことになった。そういうことになるのだ、いつも。インターネットで調べて餌や飼育の方法を知る。元気になると、驚くほど機敏で、なついてくれない。一部屋にケージを置いて、その中で飼うことになった。友人が亡くなった日の少し後のことだったので、もしかしたら彼の代わりかも、と彼の名前と私の名前を混ぜて玲太郎とつけた。息子が命名したのだ。うちの動物の名付け親はみんな息子である。

玲太郎に振り回される日が続いた。ケージから出してやると、とにかく小さいから、どんな隙間にも入っていく。冷蔵庫の下やソファの後ろから入って、手の届かないところにいくとか、ひじきとかすみもそっちのけで、玲太郎の世話に明け暮れていた。手触りの良さは抜群だし（高級毛皮のチンチラなのだから）、餌を両手で食べる姿は愛らしい。かすみも、時々、玲太郎に話しかけるなどしていたし、ひじきは知らん顔だが、愛されていた。

リフォームの話が出たのはそのころだった。このケージをリフォーム中はどうすればいいんだろう、ちらと考えた。なんだかんだで、ほぼ1年、ある朝、玲太郎はケージの中で死んでいた。この子がいるとリフォームが、とちらりとかすめたその思いが、こういう形になったのだろうか。人間の勝手な思いが、この子を死なせてしまったのだろうか、辛くて涙が止まらなかった。

思い出しては泣いていた。が、リフォームが始まり、今より狭い場所へ、一時引っ越しをしなければいけなくなった。流れに沿って、玲太郎もいなくなったのだ。友人の一周忌でもあった。

2

ひじきの恋

ひじきが恋をした相手は、近くのマンションに住むゆかりちゃんだ。ある日、うちのマンションの玄関に、猫の首輪が留めてあった。落とし物である。ネームプレートが付いていて、ゆかりという名前と電話番号が書いてある。首輪を落としてどこかにいなくなってしまったのだろうか、これは私がやらなくて誰がやる、と電話した。

ひじきの家出期間4ヶ月、その間の辛かった日々が首輪を通してよみがえる。首輪さえしていれば、こうして名前も書いて、でも、ゆかりちゃんは、首輪をなくしたまま、どこかへ行ってしまった。首輪も完全ではないということか、思いは乱れる。

「初めてお電話します。うちのマンションに、ゆかりちゃんの首輪が落ちていたらしいんです」

「ありがとうございます。ゆかりは帰ってきています。首輪は、すぐに外れるようになっているんです。取りに伺います」

そうだったのね、よかった。女の子は行動範囲が男の子に比べて狭いと聞く。その後、ゆかりちゃんがうちのマンションに出没しているのを見かける。あのピンクの首輪をしているからすぐに分かる。白黒ミックスの美人猫だ。

「ゆかりちゃん」

と、声をかけると、何で知っているのという顔をする。ゆかりちゃんは近場とはいえ、自由奔放に動き回っているようだ。あちらこちらで見かける。

「ゆかりちゃん、賢い子ね」

ゆかりちゃんは、私の顔を覚えたらしく、にゃんとこたえるようになった。かわいい。そのゆかりちゃんはなかなかのしたたかもので、うちのひじきを翻《ほん》弄《ろう》していたことを、後ほど知る。

マンションをリフォームすることになった5年前、裏側にあるマンションに

仮住まいしていた。この裏、という言い方に気を使う。小学生のころ、

「さっちゃんはうちの裏に住んでいるのよね」

「玲子ちゃんとこが裏側や。うちは表や」

そうか、言い方には気をつけねばと悟った。

とにかく、うちから見て裏側にあたるマンションに2ヶ月半暮らすことになった。そこのマンションから今の住まいが見える、そんな距離である。

猫は家が変わるのを嫌がると聞く。かすみはすぐに慣れたけれど、案の定ひじきは、毎日鳴き叫びながら暴れるのだ。仮住まいだからずさんな暮らしを強いられていた。そんなとき、きちんとという気持ちは皆無。ずさんさを楽しんですらいたかもしれない。開ける必要のないダンボールはそのまま積んである。食器などは、いくつかに限り、あとはダンボール。ダンボールの洋服ダンスから服を出して、帰ってきたらそこに仕舞う。カーテンは、間に合わせでシーツを使う。家具が林立する中を、くぐりながら歩く。

私たちは、2ヶ月後には、真新しい理想の形の部屋が出来上がることを把握しているから、ずさんな生活を逆に楽しめているのだが、ひじきやかすみにし

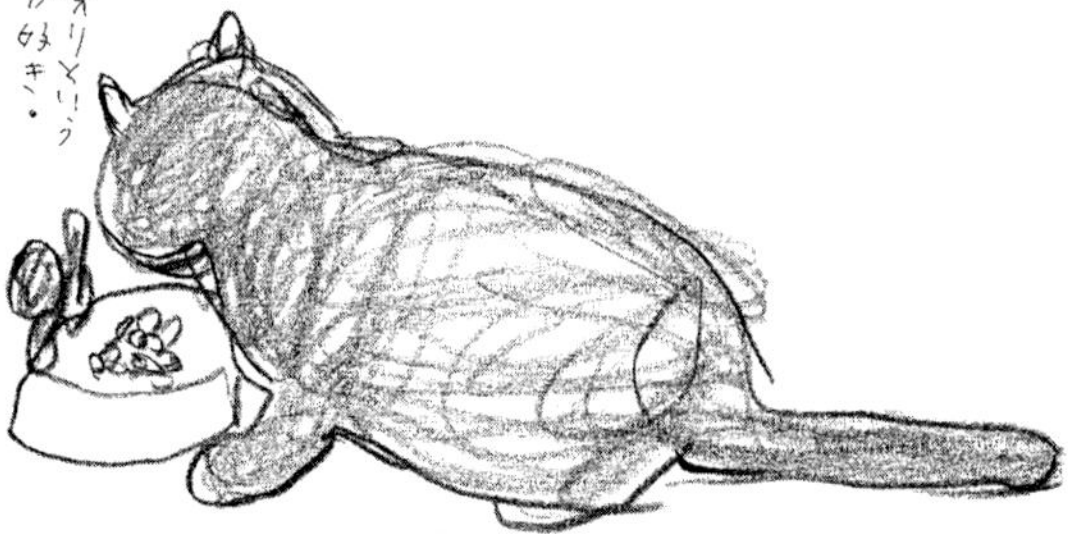
カリオリという
音が好き。

みづくろいする
ひじき

たら何で突然こんな生活が始まったのやら、意味が分からない。そしてこれが永遠に続くのなら耐えられないとばかりに爆発寸前なのである。

「嫌だ嫌だ。どうして、もとのおうちに帰れないの。僕は耐えられないよ」

仮住まいで、猫を飼っているのが分かれば大変なことである。鳴かないでね、なるべくと目で合図するが無理だ。

こういう何とも、もにゃもにゃした状況が続いても、然るべき近い未来を思えば、微笑さえ浮かんでくるから、困ったものだ。ひじきにしたら、なに、にやついているんだよ、といいたいところだろう。

そのマンションでもゆかりちゃんの姿を見つけた。この辺りも彼女のテリトリーだ。というか、ここは彼女のマンションの隣だった。自由にのびのびと遊びまわっているゆかりちゃん、ひじきのストレスは、外に出たいのに出してもらえないそれだ。痛いほど理解できるが、ここからだと帰ってこれないのじゃないかと思う。過保護がどこまでも暴走する。

「平気だってば、帰ってこれるってば」

さては、ゆかりちゃんの鳴き声でも聞こえたかな。軽く嫉妬する。

そんなひじきがとうとう脱出してしまった。娘と私が近所にある「叙々苑」で食事をして帰ってきた。しばらくして、息子がやってきた。

「なに。くさい、焼肉食べたの？　窓開けなきゃ駄目だよ」

「そんなに臭うものなの？　本人はわかんないものよね、ははは、あっ」

窓を開けてはいけない、ひじきが出てしまう。既にひじきは一目散に出てしまった後だった。このときを狙っていたひじきが、見逃すわけがない。

必死で探す、ひじきを呼ぶ。にゃー。ひじきではなくゆかりちゃんだった。ゆかりちゃん、ひじき見なかった？　さあねーとそ知らぬ顔をする。

ひじきの姿を見つけても、帰ってきてくれない。夜中も近所に遠慮しながらも、呼ぶ。なんなんですか、と怒られたことも度々。3日後、やっと保護。これで枕を高くして寝られる。食事もやっと喉を通るというもの。悪いけど、絶対出さないからね、引っ越すまでは我慢してね。

遊び人、自由人、人ではないがそんな雰囲気のゆかりちゃんは、相変わらず見かける。お宅のぼくちゃんは、どうしてるの？って目で聞くから、家にいるわよ、遊びに来る？　けっこうよ、と走っていってしまった。

リフォームも終わり、今までの日常が戻ってきた。ずさんな生活は終わり。癖が付いていたらどうしよう、などと笑いながら、張り切って新しい住まいを作り上げていく。こうして書きながら、あのころの気持ちに戻らねばと反省する。今は違った意味のずさんが芽生えてきているようだ。ひじきは、いきいきと新しい暮らしに馴染んでいる。すっかり前のインテリアとは違っているのに、彼には変化がないようだ。不思議。

ひじきは、マンションの庭からいつもの自分の通路を自由に遊べる幸せをかみしめているかのようだ。私は窓からその様子を眺めている。向かいのアパートの階段にひじきがいた。あれ、その上のほうにゆかり姫。ゆかりちゃんを追って上っていくひじき。え、どうなるんだろう。近づこうとするやいなや、ゆかりちゃんのふーっという威嚇声。え、それって。ひじきは、嫌われているのだ。私はショックで眩暈《めまい》を覚える。そりゃ、少しは肥っているかもしれないけど、よく見たら可愛いでしょ。目もまん丸だし、声も可愛いし、性格も優しいのよ、とゆかりちゃんに向かって叫びたい。それでもひじきは、もう一歩と階段を上る。身の程を知らない。ゆかりちゃんは、もう一度威嚇すると、バーカ

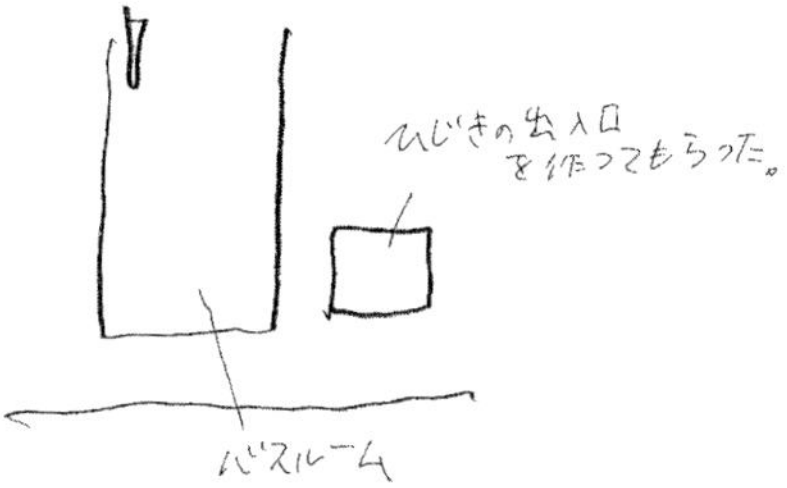
ひじきの出入口
を作ってもらった。
バスルーム

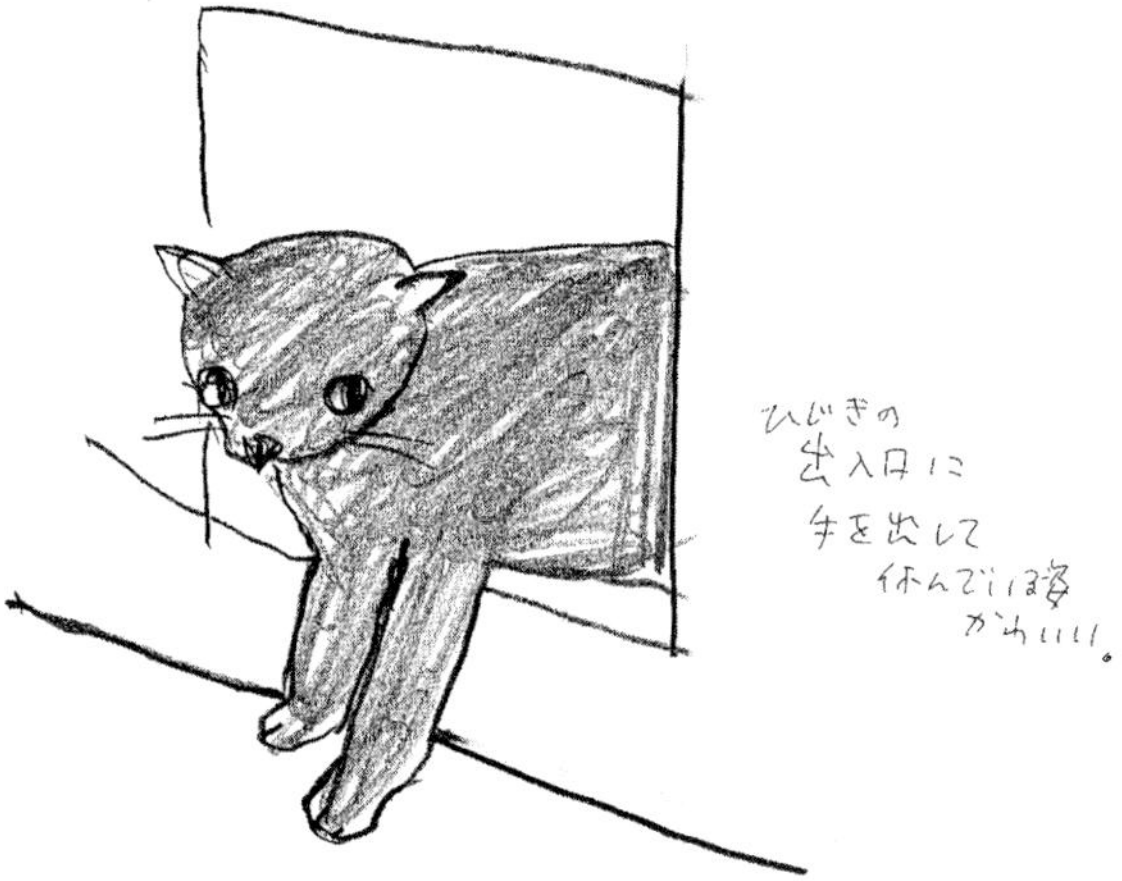
ひじきの
出入口に
手を出して
休んでいる姿
かわいい。

とさっさと踵を返して走り去った。ひじきは、階段を引き返していく。その寂しそうな姿が、私の目に焼きついている。

ねえ、そんなこともあったわね。ひじきは寝ながら、耳だけこちらに向けた。ゆかりちゃんも、今では外で見かけなくなってしまった。彼女もいい年齢なのだろう。外を飛び回って遊んでいた、そんな猫たちも様変わりしているのかもしれない。

ひじきを迎えに行くときに、お友達？だかどうだか、ひじきの顔見知り猫たちがいた。ひじきが外に行かなくなって、私も窓から眺めることもなくなって、どうなっただろうか。

30代のころ、渋谷に住んでいたから、仕事の打ち合わせはパルコの「アフタヌーン・ティー」が多かった。何年か前に思い出して、そこでお茶を飲んでみた。若い人たちが仕事の打ち合わせをしているのを見かける。その、何ともいえない時代の経過の寂しさを感じた。振り返らないこと、そこには寂しい風が吹いているだけ。

猫は振り返らない。きっと。だから、彼は自分の年齢を意識していないはず。

外で遊んでいた記憶はあるけれど、ベランダの上から、じっと外を眺めるのが好きだけど、寂しさは伴わない。でも、何かを探している。

いつもの鉢に座って、外に向かってにゃーにゃーと鳴いている。え、誰かお友達がいるの？と、覗き込んでみたが、誰もいなかった。その後ろ姿に哀愁を感じるのは、人間の勝手な思い込みかもしれない。急スピードで何でも過去のものになっていく、と嘆いても始まらない。猫のようにゆったりと、今を生きていこう。ねえ、ひじきちゃん。

黒猫天気予報

6月28日、この時期に30度を超える暑さになるのは記録的らしい。梅雨もお天気続きでからから。テレビがどこかで大雨で洪水になったと伝えている。不謹慎ながら、少し羨ましい気持ちになった。さて、ひじきは昨晩、一度も私のベッドルームに近づかなかった。窓は全開にして涼しくしているのに、きてくれない。

やっぱり、バスルームのタイルが彼の涼しい場所だった。夜はベランダのウッドデッキで、私が呼ぶまでそこにいる。涼しいのは分かっているが、戸締りをしなければならないから、無理に入ってもらう。

その前の日は、暑さがそれほどではなかったのか、リビングのフローリングで寝ていたようだった。猫天気予報ができるな。ひじきちゃんの天気予報。フローリングで寝るひじきの姿、今日はまずまずの暑さでしょう。タイルに寝るひじき、今日は最高の暑さとなります。ベッドにもぐりこむひじき、今夜は冷えるでしょう。

　ひじきは、昔から、寝ることをいろいろに楽しむ特技を持っていた。ポーズもそうだし、寝言もそうだし、なんと言っても不思議なのは、体の一部をどこかにぴったりと押し付けるという寝方。一部だけでなく二部、三部もあり。たとえば、バスルームで寝る場合、頭をバスタブにくっつけて、両手を揃えて、ガラス扉に押し付ける。椅子の下で寝るときも椅子の足に両手と足をくっつける。フローリングでまわりに何もないときはうつぶせで、鼻を床に押し付けて寝る。ときどき苦しくなって、ふーっといいながら向きを変えるのが面白い。仰向けになって、両手両足を広げて寝ることもあるが、片方の足が、椅子の足に押し付けられていたりする。

　ソファも彼の寝場所の一つなのだが、自分なりに気に入った場所があって、向かって右側の肘掛がそうだ。必ず、背中をこちら側にして頭は肘掛にぴったったりとくっつけて、という形を守っている。丸い体が今にも背中から落ちそうに見えるが、落ちない。自分で考え出したこの体勢のどこが気に入ったのかは謎だが、ソファはこの位置らしい。

あるとき、ソファの前で悲しげに鳴きながら訴えている。何かと思ったら、その位置に新聞が置いてあった。

「ごめんなさいね。悪い新聞ね。どいてもらいましょうね」

ゆったりと飛び乗っていつもの姿勢で陣取り、そのうち、ぐーすか、ぴーすかと寝言交じりのいびき。いやん、もうかわいいんだから。その位置だけには何も置かない。その分左側にテレビのリモコンやら、携帯やら、雑誌やら、探し物はここにある。私の位置も左側。

夢を見た。この夢はあまりにもリアルだったから、みんなに話してしまったが、まだだったら、聞いてもらいたい。そこは、表彰式をやるホテルの大広間だった。芥川賞や、直木賞を受賞するために呼ばれたのではないことは確かである。そしたら、いったいなんでこんな場所に。

「おめでとうございます。西村ひじきさんが、今年の寝方大賞グランプリに決

本にピト

お手々が
可愛い♡

定いたしました」

　そうだったのだ。ひじきがその賞をもらったのだ。夢はそこまでしか覚えていない。

「こういう暑い日は、出かけるとき冷房入れてあげないと可哀想だよ」

　息子が言う。空き巣被害を考えて、戸締りをしなければいけないから、どこもかしこもぴったり閉められて空気が停滞している。そういえばそう、バスルームの換気で、ようやく凌いでいるのかもしれない。

　友人のところのアメリカンショートヘアーのりりは古伊万里の大きな器が寝場所だった。夏はその磁器の冷たさが心地いいのだろう。りりに誂《あつら》えたようにちょうどいい大きさだった。が、りりも中年になり太めになった。無理やりそこに入って寝ていたけれど、出ようとしてバランスを失い、器を割ってしまった。なんでも、かなりの高価なものだったらしい。りりに怪我がなくてよかった。シルクのペルシャカーペットも、ジオ・ポンティの椅子もりりががりがりやって味を出している。アンティーク感が漂う。

　猫を飼ったら、それくらいのリスクは背負わなければいけない。というより、それが、勲章でもあるかのように振舞う人が好きである。元来は外でのびのびと生きる動物を、外に出さずに家の中で飼うわけなのだから、その代償は与えて然るべき。ある程度の躾も大事なのかもしれないが、子猫の爪を抜いたりする人もいるらしく、そこまでして飼う？

弟夫婦のマンションも、3匹猫を飼っていて、壁紙がすごいことになっていた。糸が入った布風の壁紙だったから、糸がびりびりと垂れていて、皮のソファは中のスポンジが飛び出している。

「えらいことになってるでしょ、ははは」

「ほんと、やってくれるわね。ははは」

猫好きどうしには却って自慢であったりする。動物嫌いの人たちには、理解できないこれらの共通点がたまらない。自虐的でもあるかもしれない。

外国に住む友人が東京に来たら、泊まっていいかと訊く。もちろんいいわよ。あ、猫がいるけど。途端に友人の顔は曇った。動物がいるうちには泊まれない、だって、そこらじゅう毛が落ちていたり、不潔だし。やっぱり、他を探す。ということだった。動物嫌いと動物好きはどこまで行っても平行線で、混ざり合うことは無い。犬や猫は飼ったら部屋が汚れるからいやだけど、アイボなら買いたいな。かわいいじゃない？という人もいて、本当に人っていろいろ、平行線（ため息）。

　喘息で緊急入院したとき、

「猫と犬を飼っているんだって。あきれたね、喘息になるのは当たり前ですよ。それらを処分しないと一生喘息は治らないよ」

　心の中ではっきりと、治らなくていいんです。あの子たちをいまさら、手放せって言うんですか、馬鹿なことをいうんじゃありませんよ、てやんでぇ、すっとこどっこい、このへぼ医者めが。最後は江戸っ子になってまくしたてる。あくまでも、心の中でのことだが。

　やはり、自虐的かもしれない。


　久しぶりにスポーツクラブに行った。久しぶりのせいか、行ったという達成感に大満足する。帰ってきたら、心地よい疲れで、一休みしてしまう。ベッドに入ると、起きられないかもしれないから、ソファにするか、とも考えたが、

この後花ビンを倒す
↓
やってしまった

こちらに上掛けを持ってくるのも面倒で、ベッドに。

案の定、目覚ましがなったら、もう1時間だけお願いねと目覚ましをセットする。気が付いたらひじきが横に同じ体勢で寝ていた。こういうのって嬉しい。

さて、そんなこともあって、片付け物など終えてベッドに入ったのは午前4時。空が明るくなったり、ちゅんちゅんと鳥の声が聞こえたりする前に寝たい。というのが、遅寝遅起きの唯一の願望である。

ちゅんちゅんという鳥の声が、きれい過ぎてうっとり聞きほれたことがあるが、こうはしていられない、早く寝なければ、と焦る。できるなら、鳥の声で目覚めてそのまま起きていたい。

こんなときは、なかなか寝付けない。寝返りを激しく繰り返すものだから、ひじきも出窓で寝ることにしたようだ。いつもの寝言が聞こえてきて可愛いものだから、よけいに目が冴える。

ひじきがどこかにいなくなって、必死に探している夢を見る。いた、と思うと違う猫で、抱き上げたらするりと抜けていったりで、もう、どうしてなの、と泣きそうになる。夢だから、つじつまが合わなくて、おかしなところもある

ごはん
寝転んだまま
お腹を軸に
まわって食べては
飲みをくり返していた。
おみず

わけなのに、気づけば良さそうなものを、一生懸命だ。疲れている。

目が覚めて、まだ、ひじきを探している。出窓に長々と寝ているひじきを見て、ほっとする。ん？と頭をもたげて、丸い目でこちらを見る。

「ひーちゃん、夢の中でもどこかへ行ってしまわないでね。心配するんだから」

この夢は、定期的に見る。シチュエーションは違うのだが、必死で探して疲れ果てるという役回りは毎回同じだ。

ひじきが、10年ほど前に4ヶ月間行方不明だった時期がある。9月にいなくなって、見つかったのは次の年の1月だった。私の人生の中でもベスト3の出来事のひとつだろう。

そのときのショックが今も、尾を引きっぱなしなのだ。未だに高校生のときの試験勉強の夢を見るみたいなものだ。私は、さすがにその夢は見なくなったな。さすがにね。

海苔とひじき

ひじきの好物は、いまはダントツ海苔《のり》である。見せると、大きく片手を上げる。

「うーーん、それ大好き。はやくはやく、ちょうだいな」

という合図である。ばりばりという音をたてて、夢中になって食べる。

昨晩は熱帯夜であった。我慢強い私は、よほどでないとエアコンに頼らない。しかし、昨日は、風がそよとも吹かない夜だった。エアコンをしぶしぶドライにして寝る。いつものようにバスルームから出てこないひじきが、雄叫びを上げていて目が覚めた。その鳴き声が夢の中では、隣の家の工事が始まったことになっていた。こんな時間に、と目が覚めたわけである。

夢の中に、外からのアクシデントが入り込んで、夢に参加する様は面白い。起きて一瞬、そうか、これはひじきの鳴き声だったのだ、それが工事の音に、なるほど、なるほど、と分析している。

そんなことをのんびり考えている場合でない。どうしたの、ひじき。とばかりに飛んでいくと、何だかぐったりしている。息遣いも荒い。かすみが、暑いとき舌を出してはーはーと喘《あえ》いでいたのと似ている。

「暑いのね、ごめんね、今日はお母さんの部屋のほうが涼しいよ。こっちにいらっしゃい」

お水をあげる。なでてあげる。そうだ、京都に行こう、の調子で、そうだ、海苔をあげよう、と持ってくる。賞味期限切れの海苔しかなかった。買っておかねばと思いつつ忘れていたのだ。せめて、あぶってぱりっとさせる。やおら、目から元気になった彼は、立ち上がって、右手を大きく上げた。この日は、これで何事も無し。いつしか、スースーという寝息に変わって、私も安心してベッドにはいる。

午後3時半、ひじきはバスルームよねと見に行く。あれ、いない。私のベッ

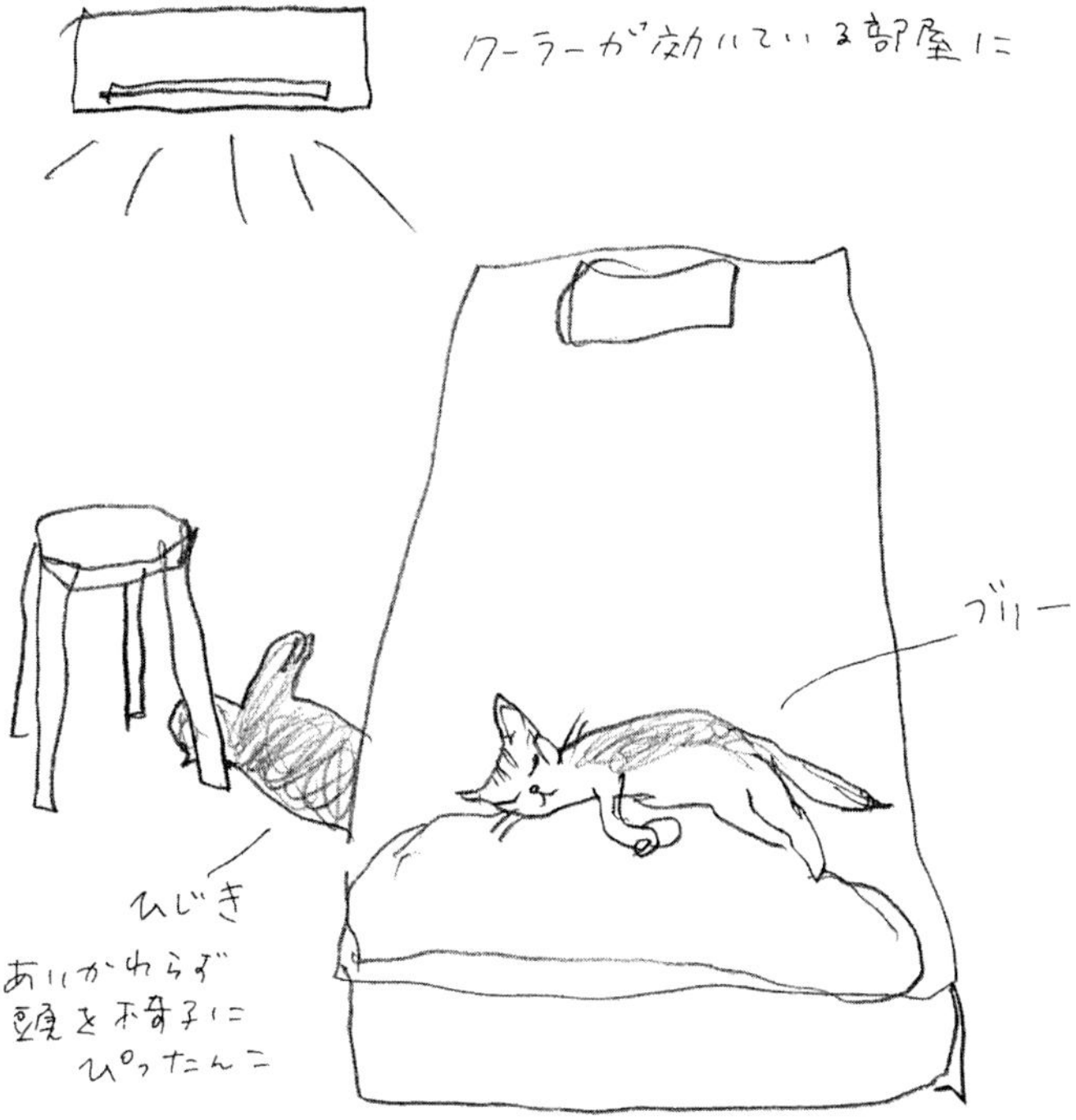
クーラーが効いている部屋に
ブリー
ひじき
あいかわらず
頭を椅子に
ぴったんこ

ドルームにいた。ドライにしたままの部屋でひじきは床に、ブリーはベッドに長々と寝ていた。息子がカナダに旅行しているので世話をしているブリー。スケッチブックを持ってイラストに。この部屋のドライがバスルームより快適ということになる。

ブリーの好物はヨーグルトらしい。その日は塩鮭の焼いたのをメインにお昼を食べていた。ご飯は玄米である。玄米のときは、こういう塩辛さが欲しくなる。ブリーが食卓に飛び乗ってきた。ひじきはこういうことが出来ないので、猫ってこういうものだったと思い出す。鮭が食べたいらしい。そういえば、ひじきも鮭を好んでいた。ラップして流しにおいていたら、ラップを噛みちぎってぺろりと食べてしまったことがあった。塩分が多いから、猫にいいはずはない。反省する。目を離した隙に、すばやく鮭をくわえてブリーは食卓から降りる。

「だめですよ」

すんなり取り返されて、驚くブリー。塩分がね、多いから体に良くないのよ、かうちゃんに叱られちゃうでしょう？　ブリーは箱入りである。プライドが高くて頭がいいが、野性味に欠ける。こういうとき、かすみなら、そっと、寝静まるのを待って、行動に移す。夜中に「ル・コント」のスコーンを4個も食べていた実績がある。ミルクなら遠くまで持って逃げるだろう。

ひじきはちくわが大の好物だった。あまりに喜ぶから食べさせていて、それがこの肥満につながったのでは、と後悔している。あれ以来、ぴたりとあげていない。あれ以来とは、肥満に気付いて以来である、もちろん。

友人が鹿児島の実家にいたころ、野生的な猫を飼っていた。聞くと、ミルクとよく似ていて笑った。遊びに出ていて帰ってくるとき、にゃにゃにゃにゃーんと大声で帰宅を告げる。ミルクもそうだった。こちらはぐっすり寝ていようがお構いなし。にゃにゃにゃーんの声で目が覚める。帰ってきたのだからお腹が空いたということよ、と当然のように訴える。

友人の実家の猫はこれに、凶暴性が加わるらしい。彼の名前を聞き忘れたので、鹿児島の猫と名付けよう。鹿児島の猫の好物は、鹿児島特産のきびなごという小魚である。さすが、鹿児島の猫。郷土を愛してやまないのだ。友人の母親は、にゃにゃにゃにゃーんの叫び声が遠くで聞こえると、大慌てで、きびなごを焼き始めるのだ。出来ていないと、脚に噛みついて怒るらしい。遠くから帰りを知らせるのも、きびなごを焼く時間を計算してのことだろうか。

実家といえば、私の大阪の家にも猫と犬がいた。母との思い出話の中心はこの猫と犬の話。共通の幸せな思い出は彼らがくれたのだ。炊飯器など存在しないころ、お釜でご飯を炊いていた。竈《かまど》などはないが、ガスでお釜。炊き上がると、ご飯をおひつに移すのだ。母が杓文字《しゃもじ》で、熱々のご飯を入れていると、見ていた猫のミーがさっと手を出して、杓文字のご飯をすくって食べたのだ。ミーも美味しそうだと思ったのだ。横にいた私もそのご飯をすくって食べたいと考えていたところだったから。考えることは一緒。その話をすると、母は目を細めて、

「あのご飯は美味しかったねえ」

そのミーは台所が好きだった。母がお勝手に立つといつもやってきた。私も何かと手伝ってそばにいたので覚えているのだが、糠漬《ぬかづ》けのきゅうりを出してきて、それをうっかり床に落とした。ミーのそばにぽとりと落ちたのだ。ミーは飛び上がった。その高さは1メートル以上。私の胸の高さくらいまで飛んだ

ブリー、エサを袋から
食べるの図

のだ。ミーにすれば蛇か何かに思えたのだろう。

母と私はいつまでも笑い続けていた。いまでも、この話をして戻っていける。あのころの台所に。

我が家にお泊りしているブリー姫は、抜け目のない頭のいい子なのに、一つだけ弱点がある。お皿に入ったご飯を上手に食べられない。どうしてかと見ていると、口で押し出しながら食べようとするからお皿の縁からほとんどこぼれ落ちてしまう。

「ブリーも、あほなところがあるのね」

「そうなんだよね。餌が散らかって仕方ないよ」

それも可愛いという息子である。

パソコンをしている私の背後で、がさごそ、と音がする。見ると、餌袋の口を開けて、首を伸ばし直接そこから食べている。やっぱり頭がいいのだ、ほう。

ブリー用の餌は息子が持ってこなくて、ひじきのシニア用の餌である。どれほどの差があるかよく分からないが、ひじきもブリーも頓着せずに良く食べる。

ひじきが以前に大好きだった鰹節、これは、猫には良くないのだということを本で知り、驚いて止めた。猫に鰹節というのは、蝶が花の蜜を吸うように自然なことだと思っていた。

昔、大阪にいたころは、ご飯の上に鰹節、いわゆる猫まんまである。カリカリなどの餌どころか、ペットショップなどどこにあったのか、という時代である。どこかに存在していたかもしれないが、我々庶民の知るところではない。今は書物に、食べさせてはいけないものに挙げられているらしい。息子がそういっているから、確かなのだろう。猫に関しては、ま、それ以外もほとんど彼は正しい。いい加減でアバウトな私とは違う。

さて、ブリーは、食事にも文句をいわず、私を無視し、一人で遊び（遊んであげようと、いろいろ手を尽くしたが無視されっぱなし。1週間も一緒にいると、そこのところが何とも可愛く思えてくるのである。ふふふ、また、無視してるのね）、しかし彼女の心境はクールに見せてその実、寂しくて仕方がないのである。玄関に行ってはか細い声で鳴いている。息子の帰ってくるのをひたすら信じて待っているのだ。

その5日後、息子が帰ってきてブリーもいなくなった。ひたすら寂しいのは私のほうである。猫本来の動きや、可愛さが思い出されて、動きの鈍くなったひじきだけでは物足りない気持ちさえしてくる。いけない、いけない。ひじきの、のんびり、ゆったりが、私の癒しなのに。

「また、いつでも預かるわよ。っていうか、時々連れてきなさいよ」

孫はいないが、孫って感じ、ブリーは。孫ってね、来ると大変なのだけど、来ないと寂しくて会いたくなるのよ、と友人たちはいつも言っている。まさしく孫。

ひじきは、ところでどんな気持ちなのだろう、ブリーがいなくても、いてもなんら変化のない彼だ。ときどき、ブリーのちょこまかと動く姿を呆れたように眺めていたりしたが、自分の過去を、そこに見いだしたりしないのだろうか。人間はじたばたと歳を重ねていくことへの抵抗をして、見苦しかったりするが、猫のように、毅然としていたいものだ。自然なものへの上手な受け止め方は、猫に学ぶべきかもしれない。

薄型液晶テレビの上をヒョイヒョイ歩く。
ブリー
ひじきはぐんにゃり。

ブリーの食べ方
外に飛ばしながら食べる。
食べるより出すほうがはるかに多い。

借りてきた猫

ブリーがソファで一人遊んでいる。クッションの後ろの隙間が穴のようになっていて、そこに入るのが面白いようだ。アクロバットのような格好が可愛くて、絵に描こうとスケッチブックを取りにいく。戻ってきたら普通の姿勢に戻っていた。常にスケッチブックは横に置いておかなくちゃ。

10日間一緒にいるのだが、少しも慣れてくれない。近くにいても、こちらから近づくと、固まって次の行動を考えている。もっと近づくと、ふーとうなって威嚇する。決して爪を立てたり、噛みつこうなどという手荒なことはしないのだが、逃げの姿勢。それが寂しい。

「可愛がってね。よろしくお願いしますよ」

息子はそういって旅立ったのだが、可愛がりたくても可愛がれやしない。ある意味、手のかからない子なのだ。飼い主とブリーとの絆は強くて、絶対の信頼感のもとに成り立っているとみた。ある意味、潔癖なのだ。ピュアなのだ。人間の欠点は、なびくことにある。コマーシャルに左右されたり、情報に踊らされたり、欲しいものには目がなく、おいしいお店と聞けば行きたくなる。

息子が手から一粒ずつかりかり餌をあげると、両手で彼の手をつかんで、餌を食べる。

「お母さんもやってみて」

同じように餌をブリーの鼻先に。するとぷいと顔をそむけてしまう。彼がやると、待ってましたと、手をつかんで美味しそうにかりかりと食べる。私がもう一度トライする。ぷいと。その繰り返しで、息子と私は大笑い。彼はおかしくて可愛くて仕方ないのだが、私のほうは、笑いながらも惨敗感をぬぐえない。ブリーめ。

その話を友人にしていた。

「猫ってそういうところあるみたいですよ。うちで飼っていた猫を事情があって、姉の家で飼ってもらうことになったの。しばらくして遊びに行ったら、姉がいないと、すごく甘えてきてぴったりくっついているのに、姉が入ってくると、今まで、甘えていたのなんか嘘のように知らん顔するの」

猫の処世術、見習うべきかもしれない。

息子が帰ってくるまでにまだ7日間ある。ときどき玄関でか細い声で鳴いているのが可哀そうである。私が帰ると飛んで来るのは、彼と間違ってのことだろう。ひじきとブリーの関係も平らな感じになった。以前は若い彼女がひじきを追い掛け回していたが、そういうこともなくなった。お互いに我関せず、の心境なのだ。ブリーが元気に動き回っているのを、寝転びながら丸い目で眺めているだけのひじき。

猫ってこういうものだったのだな、こういう風になっていくのだ、という2つの例を見ながら、ひたひたと人生を思う。どちらも愛しい。が、正直ひじきはもっと愛しい。シニア猫がこんなにも可愛い。

ベッドルームにある本棚の上がブリーの寝る場所、と彼女は決めたらしい。ここなら、私はベッドで、ひじきは床に寝ているから、それを見下ろしながら

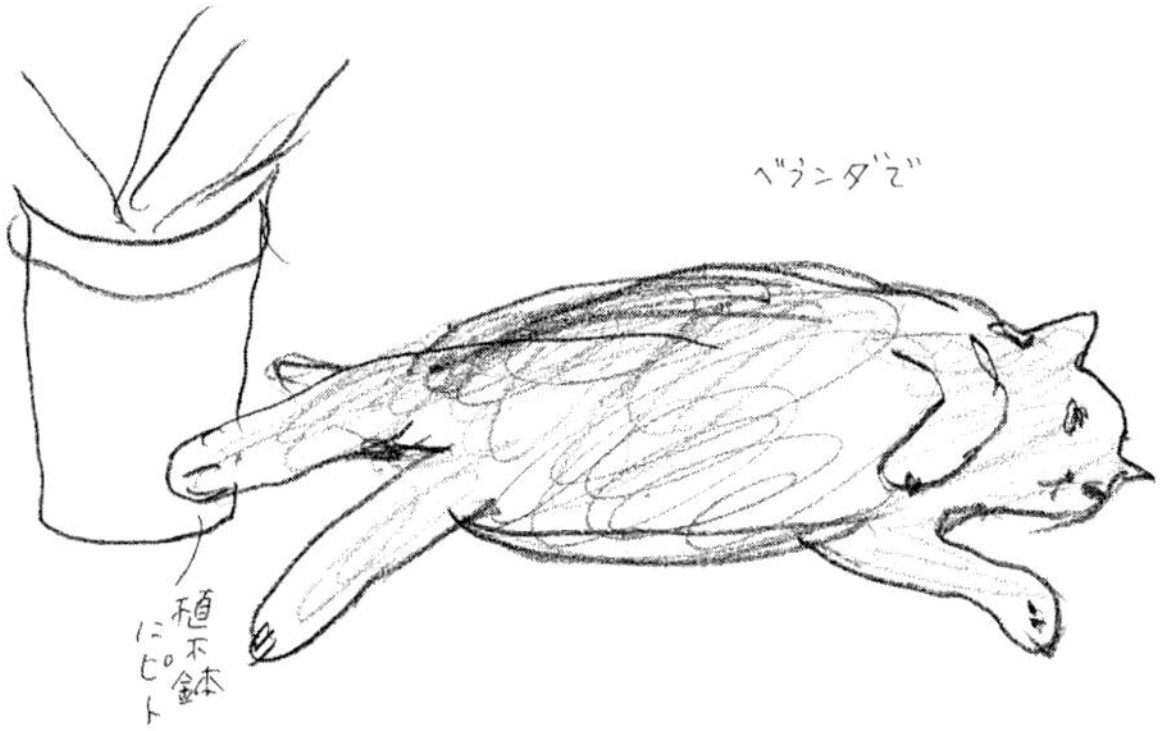
ベランダで
植木鉢にピト

ニャー
足にピト

何となく安心できるのだろう。洗濯物を畳んでクロゼットにしまっていたら、ブリーが本棚にいる。

「ブリーちゃん、いいこね」

近づくと、身構える。それに届せずに首を撫でてみる。硬くなっていたブリーが徐々にほぐれてくる。頭を腕に乗せてぐるぐると言い出した。もしかしたら、私にこんなに気を許したのは初めてではないだろうか。これでもう近づけたと思った私は甘かった。キッチンにいた彼女に近づくとふーと吹きながら遠ざかった。

ひじきは誰にでも気を許す子である。宅急便や、点検にやってくる、外からの人には警戒して隠れてしまうが、他は大丈夫。撫でてもらったり話しかけられるのは好きみたい。お客さんが7、8人。そんなときはしぶしぶベッドルームに軟禁されているが、そのうち、ドアをがりがりと引っかいて、外に出たいと訴える。

出てきたらお客さんの足元で寝そべったり、くっついたりして自分の存在を主張する。

「ひじきちゃん、見るたびに太るわね」

「ほんとに、こんな大きい猫は見たことないわ」

「となりのトトロってここにいたのね」

私はひやひやとして、その言葉を聞く。聞くたびに小さくなってしまうのは私のほうだ。ごめんね、お母さんの責任だよね。責任転嫁、ではないが、もしかしたら、こんな原因も考えてみた。

ひじきは、おとなしく誰にでもなつく性格だ。自由に外に遊びに行っていたころに、野良猫に餌をあげている優しいおばさんに出会う。

「あら、可愛い黒猫ちゃんね。どうしたの、お腹空いたの？」

「僕、野良猫です。お腹空いています。にゃーん」

あの可愛い顔と声で見つめられると、そのおばさんは、思わず同情し、はいはい、あなただけには特別なデリシャスフードをあげましょうね、それで、帰ってきてからもご飯を食べるから、2倍の食事。それで太ってしまったのだ、そうだったのか、やはり。

温和で人になつく性格の猫は太る。という方程式が出来上がった。ブリーはエジプトの王族に飼われていた猫のアビシニアンである。しなやかな動き、きれいな毛の色、模様、きりりとした目、ひじきを同じ猫だと見ているのだろうか。聞いてみたいものだ。

大阪の友人けいこさん夫妻のところに泊まらせてもらったことがある。彼らは猫にとっての神様のごとき存在で、わたしは尊敬している。捨てられた猫を拾ってきて、病気を治し、躾をし、もらってくださるところを探す。家にも7匹、もっと増えたかもしれない、外猫も何匹か育てていて、その可愛がり方が丁寧なのだ。夫妻の優しさは、猫だけにとどまらない。怪我をした山鳩をも、車を走らせて動物病院に連れていき、治療してから戻す。

そこの、畳の部屋にお泊りしたとき、7匹の猫がそれぞれに気になるらしくて、遠巻きに見に来る。その中で、牛若という白地に黒模様の猫ちゃんだけは違った。嬉しさのあまり、ちゃんをつける。牛若ちゃんは入ってきて、しばらくは、そのままの状態を保っていた。

「牛若ちゃん。一緒にねんねしてくれるの、いいこね、かわいいね」

ま、そんなものでしょう、出ていってしまった。待っても二度とこない。みん

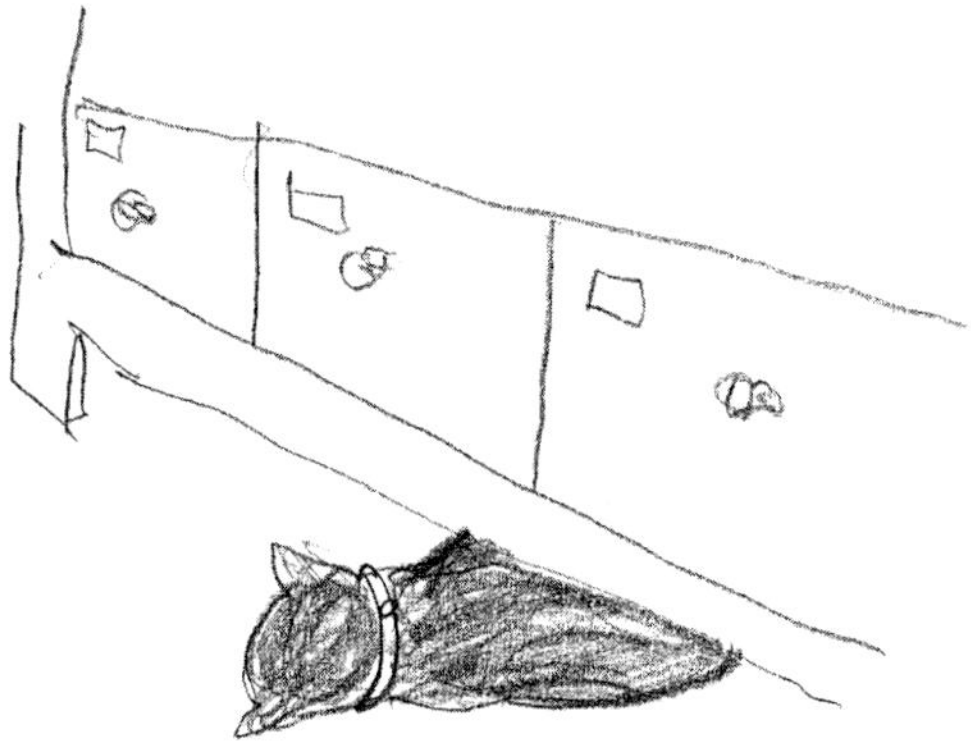

チェストの下もお気に入り

なの中で、自分の勇気を見せただけなのかもしれない。

そのことを、朝、けいこさんにいうと、

「可愛い。私は牛若が一番好きなの」

牛若ちゃんの株はぐっと上がった。

猫や犬をタレントのそっくりさんにしてしまう傾向は愛犬、愛猫家に多い。けいこさんのところも歌手のなんとかさんにそっくりと聞いていた。なんとかさんを思い出そうと頑張ったが、残念ながらこのごろ出てこないので、無理だった。見ると似ていた。細面の優男だ。

Sさんちは犬だけど、俳優の伊藤英明にそっくりでハンサムなんです、という。何となく想像がつくのは、伊藤英明が犬顔といえば言えなくもないからだ。ひじきの場合、その座った形から、ポルシェちゃんとか、シルクちゃんなどと高級感あふれる名前を付けていたが、タレントにたとえるとなると……。

「ひじきはタレントだと誰に似てる？」

娘に言うと、

「福山雅治でしょ」

最近のトイレ事情
ひじきは身体が大きいので
またた
ひーちゃん
もっと前よ、
前に行って
するのよ
ニャー
必死
こういうのが必要

「そうよね、やっぱり。小錦っていう人がいたけど、失礼な」

だから、うちのひじきはもう少し若いころの福山雅治似ということに。

『ミルドレッド』というジーナ・ローランズ主演、監督が息子のニック・カサヴェテスという映画、ご覧になっただろうか。とてもいい映画で、そこに出てくる隣の小さな男の子がひじきに似ている。最初にそう思ってしまったから、最後までひじきとだぶって観てしまった。

その映画では、隣のいい加減な若い夫婦の子供を、主人公のミルドレッドが日中預かっている。ジーナがミルドレッドを演じているのだが、一緒に新聞配達をしたり、遊んだり、勉強を教えたり、男の子はミルドレッドになついて、ぴったり付いて素直に従っている。その感じもひじきにそっくりに思えていじらしい。早く帰って、抱き締めたくなるのであった。

その子はいい少年というか、青年になっているだろうな。ひじきは、相変わらずです。

かぎっ子の遊び場

せっちゃんちの猫はかぎっ子であった。夫婦二人とも忙しくて、帰ってくるのが夜中になっていた。ある日帰ってみると、猫たちのたまり場になっていたらしい。ドアを開けると気配でそれぞれが、にゃーにゃーと窓から帰っていく。それである日、外から窓を閉めて、そっとドアをあけてみたら、大騒ぎの宴会途中をいきなり襲われてみんな驚いていたらしい。どんなだったか、本当に見てみたい。

中学生、高校生が、親が帰ってこない家に集まる、そんなところだろう。せっちゃんちの猫は、白にゃん、黒にゃん、という名前の2匹である。白にゃんは中学2年生、黒にゃんは高校1年生で、それぞれの友達が、

「今日、おまえんちに行っていいか？」

「おう、兄貴の友達もくるけどいいか」

「えー、うざいけど、いいか。寅雄はどう思う？」

「ま、いいんじゃない。他行くとこないしさ」

「白にゃんちは食べ物もいっぱいあるしさ、助かるし」

ということで、お互いの友人たちが集まってくる。

せっちゃんはそのころ、立川のアメリカ村に住んでいて、開放的な生活を送っていた。猫たちも自由なアメリカン・グラフィティだ。

夜遅く帰ってくる住人は、したがって朝も遅いというのが定例である。猫たちが早起きしてお腹を空かせていても、起きてきてもらえない。そこで猫たちは食べ物を探す。流しの排水口の生ごみ入れになんかなかっただろうか。白にゃんは首をつっこんでみる。なんにもないや。外に行ってみよう、でも首んところがなんか変。白にゃんはそのまま表に走り出た。友達の寅雄がいた。まてよー。

「せっちゃんちの猫が首に流しの排水口のゴムをかぶって遊んでるわよ」

近くの人が電話で教えてくれたらしい。

かぎっ子の2匹のたくましい猫物語はほかにもいろいろありそうだ。18年も前の話である。せっちゃんは、いまは2匹の猫に代わって、二人の男の子のお母さんである。面白い。

ひじきの子供のころの話。彼らのようにアメリカ村のような自由な雰囲気で育つ猫は、猫本来の姿を保存しつつ、それでも飼い主に依存し、可愛がられる、という一挙両得感がある。お得である。ひじきはその点、マンションで飼われるという不便さがあって、可哀想といえば可哀想、でも、こちらの安心感からすると、これでいいのかとも思ったり。

というのは、こちらの誤りで、猫の本来の姿、DNAは抗いがたく、どんなことをしてでも、外に行きたいと隙を狙っていたのだ。その涙ぐましい努力は尋常ではなかった。キッチンの小さなベランダから、飛び降りて複雑骨折をしたのだ。3階、下はコンクリートというのに、幼いながらの無謀さだった。

「あれ、ひーくんは？」

ひじきのいないのに気づいて、いろんなところを探し回る。いない。ひじきの心細そうな声がどこかから聞こえる。ベランダから見ると、いた。こちらを見上げている。鳴き方がかぼそい。転がるようにひじきのもとへ。駆け寄ってきたが、どうも変だ。歩き方がおかしい。慌てて病院に連れていくと、

「これは、骨折してますね。1週間ほど入院になります」

　ひじき、初めての怪我、初めての入院。去勢手術のときは入院したのだったか、忘れた。ともかく、複雑骨折の手術をした。脚に金属を入れて固定してある。そのまま、いまも金属が入っているのだが、取り除けばよかったのだろうか。元気なときはいいけれど、いまはそれが重くて歩きづらいのでは、と思ったり。そのときは、金属を取り除くためにもう一度脚にメスを入れるのが、可哀想に思えたのだ。

　そんなことがあったにもかかわらず、ひじきはまた、3階から飛び降りた。刑務所から、なんとしてでも脱走しようとする受刑者のようである。今度は土の上、怪我をすることもなく、植え込みを越えて、外の世界に出ていった。ひじきの首に付けていたレースのリボンが虚しく、植え込みにのっかっていた。

　前にも言ったように、猫には首輪。ネームも付けて万全を期すのが良い。う

キャッチ
雪ボールを
つかまえる
猫形
雪だるま

ちの猫は、絶対外に出さないから大丈夫、とおっしゃるが、万が一地震などで離れ離れになった場合、戻ってくる可能性が高くなる。

「僕ね、山田さんのおじいちゃんにお世話になったし、また、会いたいなあ」

ひじきは、ときどきそんなことを思っているに違いない。ひじきが脱走したのは9月だった。毎日、毎晩、私たち家族は探し続けた。毎晩、ひじきが帰ってくる夢を見ては、目覚めてがっかりした。こうして書きながらも、涙が出そうになる。人生の中でもしかしたら、一番辛かった日々かもしれない。ミルクのときのように張り紙をした。イラストつきで、目がまん丸の黒猫、声がかわいいです。などと少し自慢も書いてしまう。張り紙を見たといって、郵便受けにひじきちゃんと思われる猫の出没マップなるものが入っていた。イラストで細かく記されている。この辺りで夕方見かけた、この辺りでは夜、とひじきに似た猫のイラストも入っている。私にしてみたら、これはもう神様の思し召しとしか思えない。早速、電話してその人のうちを訪ねる。ほんの3分ほどのところにあるお宅で、出てきたのは若い夫婦。

「よく見かけるところはすぐそこなんです。うちの猫、女の子なので、連れていくとおとりになるかもしれませんね」

彼はケージに猫を入れて案内してくれた。彼は自分の猫の名前を呼んで鳴かせる。にゃー、そのとき、

「あ、いますよ、ひじきちゃんがいます」

人が通れないような壁とフェンスの間にひじきと思しき黒猫が現れた。それにしても、女の子の声に誘われてきたのかと思うと情けない。私を見て無反応である。

「ひじきちゃーん。こっちいらっしゃい」

びくりと体を硬くしているのが分かる。忘れてしまったのだろうか。人が通れないところに、我を忘れて突き進んだ。黒猫は驚いて後ずさりしてどこかにいなくなってしまった。

冬だったから、着ていたダウンジャケットが壁にこすれていた。

「ひじきちゃんでしたか？」

今思えば、あれはひじきではなかったと思う。そのときも、半分そんな気が

したが、見つけてくれた熱心な若夫婦の手前そんな疑問は持つわけにはいかなかった。いかなかったし、ひじきであってほしかったのだ。

「そうです。間違いありません」

「残念でしたが、また見かけたらお知らせします」

「ありがとうございます。本当にお世話になりました。よろしくお願いします」

黒猫は区別が付けにくい。普通は、毛の色や混ざり具合で見分けられるのだが、黒猫は違う。

また、毎日、毎晩探し歩く日が続いた。息子は精神を研ぎ澄まして、勘を頼りに動く。

「あそこにいる犬があちらだと、教えてくれた。こっちだよ」

いた。建設中の家の現場に黒猫が。

「ひじき」

こちらをしばらく見ていたが、その子はぷいといなくなってしまった。それにしても、息子の神がかり的勘はどうしたことか。今も、その話題になると

「変だったよね。宜保愛子さんが乗り移ったのかな」と笑いあうのである。とはいっても、実際には連れて帰れなかったのだから、役に立たなかった。

そんなある日電話があった。

「張り紙を見たのですが、西村さんのお宅ですか？」

「は、はい。そ、そうです」

もう、パニック寸前である。今度こそひじきに会えますように、という気持ち。

「山田さんというお宅に、新しく飼い始めた黒猫ちゃんがいるんですけど、もしかしたら、張り紙の猫ちゃんではないかと思いまして」

親切なその方を訪ねて、山田さん宅を教えてもらう。我が家からは10分ぐらい離れたところに山田さん宅はあった。娘と私は、高鳴る胸を押さえつつ呼び鈴を押した。

3

おじいさんの思い出

「山田さんのおじいさん、どうしているかな、元気かな」

ひじきは時々そんな顔をして外を見ているので
「お元気よ。きっと、ひじきちゃんのことも、どうしてるかなって気に掛けてくれてるはずよ」

ひじきは遠い懐かしい目をしていた。

出ていらしたのは、背筋の伸びた背の高い年配の方で、ひじきがいうようなおじいさんではない。

「お電話しました西村です。張り紙で連絡してくださって、ご紹介いただいたのですが、うちの猫がお邪魔しているのでしょうか」

「こちらです。3ヶ月くらいになるでしょうかね。毎日やってきて、いついているんです」

庭の中に作られた小屋に案内された。なんと、ひじきはそこにいた。

「ひじきです。うちのこです」

ひじきは、ん？この人は誰、という顔で私たちを見上げている。これまでの苦労が、心労がもやんもやんと去っていく、その不思議な気持ちは表現が難しい。喜びにもやがかかったような、それは、ひじきの反応のせいだと思う。犬だったら、きゃん、きゃんと飛びついてきて、ぺろぺろなめて、再会の喜びに打ち震えるのだろうが、そのしっかとした手ごたえが無い。

「どうぞ、中にお入りください」

ひじきの小屋に鍵をかけて、山田さんのお宅のリビングに。一人暮らしで今年80歳になられるというが、家の中もきれいにしていらして、きちんとした方だとお見受けする。

「うちには、野良猫たちが集まってくるんです。その中にお宅の猫ちゃんがいまして、その中でも人一倍人懐こく、慣れてくれまして、野良猫ではないなと思いましたですね」

私が必死になって探していたときに、ちゃっかりと、こんなお宅にお邪魔していたとは、うーん、目利き猫だ。出されたお茶とお菓子をいただきながら、私たち親子もちゃっかりと馴染んでいた。ここには、そういう人や猫がリラックスできる気のようなものが、漂っているのだ。

「この子だけは特別と思い、小屋を与えて、そこにご飯を運んでいましたが、ある朝、あそこの網戸に上ってきて、お腹すいたと鳴くんです」

山田さんは可愛くて仕方がないという顔で微笑まれた。私たちもつられて笑った。わかります、可愛いんです。

「それで決めたんですよ。私ももう80歳で、猫を飼うのは諦めていたけれど、この子を最後に飼ってあげようって」

山田さんの顔は少し悲しげだ。わかります。そんな思いのところに、私たちが取り返しにきたわけですから。すみません。

「前に飼っていた猫の使っていたトイレを出してきて、この子を黒ちゃんと名前を付けて、病院に連れていったんですよ。女の子だとばっかり思っていたら、

ひじきは大きな目で
眼力があるのだ

男の子で去勢済みだと聞かされ、驚きましたですね」

可愛い声だし、可愛い顔なので、女の子と間違えられて当然です、と心の中でいう。

それでは、と山田さんが、また小屋に案内して、いよいよ、ひじきを連れて帰ることになった。山田さんの寂しさを考えるとたまらないが、だからといって、それでは黒をよろしくと、置いて帰るわけにはいかない。

娘がひじきを抱っこして、山田さん宅を後にした。最初、わけが分からない状態のひじきは、おとなしく娘に抱かれていた。この角を曲がったら、うちが見えてくる、というところで、ひじきが、娘の腕から、大きくうねって、飛び降りた。それは一瞬の出来事だった。ひじきは、猛ダッシュで元の道を走り去っていった。どこにもいない。夢のように消えてしまった。

とりあえず、家に帰り着くと、電話が鳴っていた。山田さんだった。

「ここに帰ってきています。お連れしましょうか」

やはり、山田さんのおじいさんが大好きなのだ。

「いえ、いえ、本当に申し訳ありません。ケージを持ってもう一度伺います」

今度は嫌がるひじきをケージに入れて、連れて帰った。ケージの中で、ひじきの鳴くこと、鳴くこと。

私たちは誘拐犯の心境であった。

さっきは、黙ってついていく振りをして隙を見て逃げ出せばいいや、とひじきは考えていたに違いない。ひじきちゃん、思い出して、何年も一緒にいたときのことを。山田のおじいちゃんとは、3ヶ月でしょ。私たちのこと思い出して。窓から落ちたとき、お医者さんにいったでしょ、かくれんぼもしたでしょ、雪投げもしたじゃない、お風呂のバスタブに乗って、一緒に遊んだじゃないの……。

9月にいなくなって、1月15日、ひじきはこうして戻ってきた。長い長い家出だった。雨が降ると濡れていないか、寒くて凍えていないか、お腹が空いてやせてはいまいか、それとも、車に轢かれたりしてないだろうか、いじめられていないだろうか、毎日考えていたそんな不安から、解放された。帰ってきたと思ったら、やはり夢。毎日のように見るそんな夢からも解放された。

ここに、ひじきがいる。なんて幸せなのだろう。そのひじきは、ちゃっかり、そういう苦労もせずに、猫のネットワークで知ったのか、居心地のいい場所を探し当てていた。そういえば、あの日も、庭に何匹かの猫を見かけた。その中でも、とりわけ可愛がられるという素質を持っていたひじき。運の強い猫である。

「山田さんのおじいちゃん、どうされてるかしらね。お元気で野良猫のお世話をしているのかしらね」

「だと、おもうよ」

ひじきは、そういった。

大阪で一緒に住んでいた猫たちの最後はどうなったか、思い出せない。いつの間にかいなくなっていたのだと思う。そしてそれは自然なことで、自然に受け止めていたように思う。私は子供だったから、親が全てそういったことの悲しみは受け取ってくれていたのだろう。

同時に犬も飼っていたのだが、チロという名のスピッツの女の子で、うちで、子供も生んだり、買い物も一緒に行ったり、頭のいい可愛い犬だった。チロの死には偶然私が立ち会うことになってしまった。知り合いのお兄さんが、そのころ、私の勉強を見てくれていて、二人でチロの死を看取った。中学生には辛い出来事だった。今でも思い出すと泣けてくる。

子供だったから、チロの具合が悪かったということも何も知らずに過ごしていたのだと思う。突然、苦しみだしたチロを、呆然として見ていた。何をしたらいいのかわからない。お兄さんもまだ大学生で、彼も戸惑っていた。

泣きながらチロと呼ぶと、

「ワン」

苦しんでいたのに、急に穏やかな優しい声で答えて、そのまま、息を引き取った。２軒隣の動物好きの田中さんに来てもらって、その後のことをやってもらったように思う。飼っていた猫がお産をしたときも、私だけが家にいて、田中さんに来てもらった。大変お世話になったのだ。

10年ほど前になるが、母が、

「今日、田中さんから電話があってね、はっちゃんが亡くなったんだって。泣いてらしたわ。娘が先に亡くなるなんて、こんな悲しいことないわね」

はっちゃん、というのは私より５歳下で、弟と同級生だった。母も泣きながら私に電話をしてきたのだ。

　子供のころは、お世話になっていながら、何のお返しも出来ていないことに思い至る。はっちゃんのこと、お気の毒です。私もはっちゃんのこと好きでした。子供のころお世話になりました。そんな思いを、告げておけばよかった。

　言葉にも旬がある。山田さんのお宅にも行ってみようかと思う。ひじきの感謝をもう一度しておきたい。

かくれんぼ

夜、部屋が明るくてベランダの扉を開けているものだから、ときどき虫が飛び込んでくる。娘は虫という名前のものは全て苦手で、てんとう虫、蝶、とんぼまで駄目。私は蚊のような被害を及ぼすものでなければ、平気。

ぶ、ぶぶぶーん、結構大きな羽音がして、巨大な（虫にしては）ものが飛び込んだ気配。さすがの私も、ん？　なんだ、なんだ、と目を凝らす。それより早く反応したのはひじきだった。

丸い目をますます大きくして、いつものだらけた肢体がぴりっと引き締まり、次の動作に移るべく構えている。ひじきの好きな蟬《せみ》である。深夜のだらけた二人の部屋に、サファリのような緊迫感が満ち溢れた。蟬がソファの後ろに入ってきて、そこから飛び立とうとした瞬間、ひじきが、ソファに飛び乗ってきた。蟬は追われるシマウマ、ひじきはライオンだ。シマウマはそこをするりとかわし、飛び上がる。ライオンはその動向を冷静に見ている。次はどちらに逃げるのだ、次はどこが安全だろうか、その両者の思いが傍観者の私には熱い。

　こちらとしては、シマウマを助けて逃がしてやらねばならない。しかし、年老いたライオンが力を振り絞って、狩猟の感覚を取り戻したのである。もう少しだけ観ていてもいいのだろうか、いや、一刻も早く助けねば、しかし、ライオンにそんな力が残っているのだろうか、無理に違いない。

　そのとき、シマウマがまた、ソファの後ろに落ちてきた。シマウマも余命短い身の上だ。相当弱っているのだろう。ひじき、いや、ライオンがソファの後ろに身を乗り出した。シマウマ、いや、蟬は断末魔の声を振り絞った。

　蟬が、普通にうるさくミンミン鳴く以外の声をはじめて聞いた。悲しげで儚げで必死の様子だった。

「ひじきちゃん、ごめんね」

　蟬をつかんで外に逃がしてあげる。ひじきは納得の行かない顔をしてソファの後ろを眺めていた。ひじきに、こんなパワーが残っていたのは驚きだ。しばらくしたら、あれは何だったのだろうというように、だらりと横たわっている。

「暑いねえ、お水飲む？」

小さな器でぴちゃぴちゃと水を飲むひじき。暑いと、どうして喉が渇くの？と訊く。今運動したからよ、と答えると、少し恥ずかしそうに水をぴちゃぴちゃ。

小さいころは、とにかく元気で走り回っていたひじき。どんなことにも興味を持ってついてくる。小さな変化が好きで仕方が無いのだ。模様替えなどし始めると、動かす机の上に乗ったり、空いた場所に寝転んだりする。それは言い換えれば邪魔をされているに過ぎないが、こちらも、手を止めて一緒になって遊んだりするから、はかどらず。

ベランダの植木に水遣りをしていると、それがまた、楽しいらしい。じょうろの水を両手で捕まえる。高いところからの水も飛び上がって捕まえる。

「すごい、ひじきちゃん、オリンピックに出られるね。猫部門の水つかみジャンプ競争に出る？」

「そんなに言うなら、出てもいいよ、結構いい線までいくと思うよ」

ひじきは強気であった。

雪が降ったときは、雪が水に代わる。東京では雪が降り積もることは滅多に無いから、貴重である。何時間でも雪つかみジャンプをさせてやりたい。ここ何年かはもちろん、そんな遊びに反応しなくなってしまった。雪を手ですくってさくさくと食べる姿が可愛い。鉢植えに雪が残っていると、とけませんようにと陰に持っていって食べさせる。水を飲むときと違う嬉しさが見て取れる。でしょう、雪っていいね。

猫とかくれんぼ、これが楽しい。実家にいたころ、飼っていた黒猫のピー子と私が考え出した遊びである。実家には中庭があって、廊下を渡って離れの部屋がある。その離れと母屋を、どたどたと走り回って順番に隠れるのだ。離れの机の下にもぐって、

「もういいよ、ピー子、ピー子」

呼ぶとピー子がやってきて、探す。見つけると、ニャーと驚いて飛び上がり（振りをしていたのか、本当に驚いたのか定かではない）、今度は自分が走っ

ていって母屋のほうで隠れるのだ。猫の浅知恵、すぐ分かるところにいるが、見つけられない振りをする。

「ピー子はいないなあ、どこに隠れてるんだろう、いないなあ、諦めようかな」

なんて、言っていると、自分からニャーと鳴いてここだと知らせる。うわっ、驚いた、こんなところにいたんだ、飛び上がりはしないけれど、抱きしめる。得意そうなピー子。じゃ、私の番ね、と離れに行こうとすると、私より早く離れのほうに走っていく。これこれ。飽きるくらい繰り返すので、しまいにはこちらが疲れてしまう。

ひじきにもそれを試した。マンションの中の部屋での動きだから、隠れるところは知れている。ベッドのカバーを被るとか、お風呂場に駆け込むとか、しかし、ひじきは真剣で、すぐに見つける。遊び心を知らない。それでも、次は自分の番だと分かって走っていく。部屋が狭いものだから、そのうちもつれ合うようにどたばた。何をしているやら。

遊ばれているのはこちらのほうかもしれない。

「また、やるの？　いいけど、ちゃんと隠れてよね」

ひじきはそんな感じで始めるが、やりだすと真剣白刃。ブリーが泊まりに来ていたときに、試してみようとしたが、無視された。まだ、そこまで、気を許していないそうです。はいはい。

ひじきは外で遊ぶのが何より好きな猫だったが、もうそろそろ、この辺でやめさせよう、という厳しい決断をしなければならない、いくつかの要因があった。太りすぎていて、外とマンションの彼の出入口を通るのが、どう考えても無理っぽい。彼は、扉の下の隙間から外に出ていた。あそこにはまったまま、動けなくなったら大変である。そんなひじきはいじめの対象になるかもしれない。何事にもどんな世界も世代交代の波は来るのよ、悲しいけれど、と説得する。

ひじきが出ている間やきもきし、夜中に帰るコールの口笛を吹くのも、ご近所から変人と思われかねない。私のほうも限界である。そろそろ、酷なようだが決断しなければ。そう考えていたある日、思い切り走り回っている黒猫を目撃。塀に飛び乗ったり降りたり、仲間も何匹かいて、上から口笛吹いても知ら

お水を飲む
豆皿がひじきのお水入れ
新鮮なお水をチョコチョコほしがります。
大きな器にお水を入れていても、飲まない。

ん顔だ。あれが、ひじき？

あんなに走れただろうか、あの塀に上れたのだろうか。でも、あの太り方はひじき。ひじきに間違いなかった。若い仲間の前でかっこつけていたとしか思えない。それとも、まだ、外で遊べるよというアピールだろうか。

それから程なく、外に出さないことに決めた。玄関でうるさく鳴くひじきにも閉口したが、心を鬼に、赤鬼に。出さないなら出さないで、最初から決めていれば良かったのに、あまりに幸せそうなひじきを見ているとそれもできずにいた。そういうところが、私の駄目なところだ。

「子育てにもそれが現れているのよ」

娘がいった。ごもっともでございました。

あなたはしっかりと子育てをしてね、というと、当たり前でしょ、しっかりやります。といいつつも、30過ぎてまだ結婚する予定なし。子育てをする将来が来るのだろうか。

「とらちゃんどうしたの？」

弟に訊いた。

「ああ、つれて帰って育ててるよ」

　とらちゃん、というのは、寝たきりだがしっかり明るい、心は健康な母と、少しアルツハイマー気味だが体は丈夫な父が実家で飼っている猫である。8月に大阪に帰ったとき、弟が、両親の癒しになるだろうと飼い始めた。ところが、その1週間後に父が不調を訴え入院することになった。母も同じ病院に空きがあって入ることになってしまった。母は嫌がったが、仕方ない。そこで心配だったのが、せっかく慣れてきたとらちゃんのことだ。

　早く退院してとらちゃんとの生活が復活してくれることが切なる望み。昨日、大阪に行ってきた。父は私のことは誰だか分からない。でも、どこかでつながっていると私は目を覗き込んで思う。

「家に帰りたい」

ぽつりと父が言った。父にとっての家は、生まれた兵庫県の田舎のことらしい。

「やまたにかえりたいなあ」

神鍋山のある田舎がやまただ。私と弟は複雑な思いで、父の背中を撫でた。

「元気になったら、やまたにかえろうね」

二人で交互に言った。病院に入るとこんな風になっていく。92歳。とらちゃんが待ってるよ。とらちゃん、トラ猫で、6歳くらいかもしれない、優しい目をしていた。

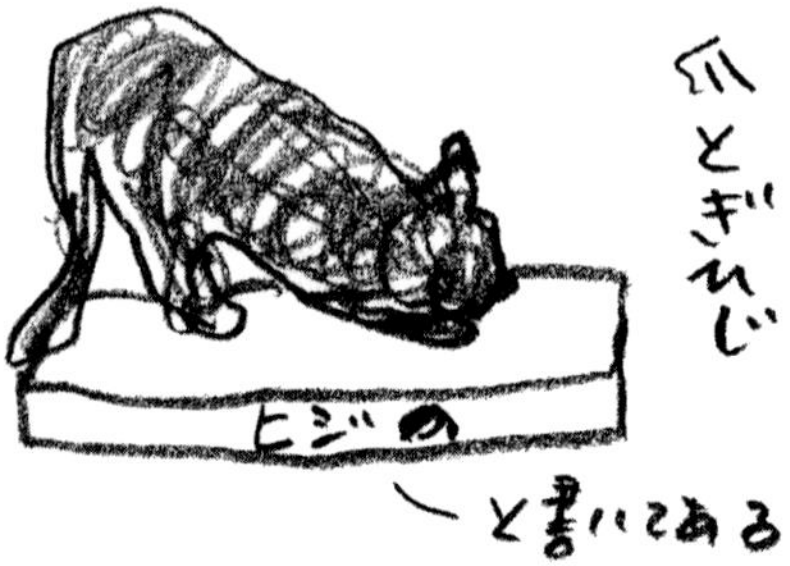

犬と猫

どの犬や猫も全て、愛でたい気持ちがあれば我々に近しい存在、相手がどう思おうと、こちらからは素直に愛を伝えても構わないのでは、と思ったりする。たとえば、道で素晴らしく可愛い犬を散歩させている人がいる。可愛い、立ち止まって見る。可愛いですね、と声もかけずにはいられない。そういう行為自体が、犬に対する親類縁者関係的な親密度だ。

散歩させている人を、制止してまで犬に触れたい、可愛がりたい、その行為は世界的に認可されているかのようだ。どこでも当たり前のように見かける風景だ。

「犬の散歩ってね、恥ずかしくてなかなか慣れなかったわ」

「え、どうしてですか？」

「だって、可愛い可愛いってみんなが言ってくれるものだから、それがもう恥ずかしくて」

自意識過剰な私にSさんは、

「それが嬉しくて散歩するのですよ」

という。

私と娘は、それが恥ずかしくて、散歩させるけど一緒にきて、と二人一緒だと安心という小心者親子。だから、滅多に散歩させなかった。チワワのかすみもそれに慣れてしまって、出かけるときは動物病院だと思い固まってしまうようになった。

今度、犬を飼うときは絶対散歩させよう。どんな小さな犬でも、と反省している。可愛いといって近寄ってこられるのは嬉しいものである。そうではあるが、くすぐったい。犬や猫は半分は他人のためのものでもあるのだから、覚悟しなければいけない。

歩いていて、のんびり塀の上でお昼寝している猫を見かけたりすると、幸せ

涙で目が
ウフフ！！
涙目のかすみ
ティッシュをかぶせる。
ティッシュ

なものである。駅で、飼い主と一緒に、帰ってくる誰かを待っている犬は可愛い。まだかな、まだかな、と来る人を眺めている。

「ねえねえ、待ってる人が帰ってくるまで見ていない？」

「そうだね」

やがて、そこの娘さんらしい人が改札口を出てきた。ちぎれんばかりに尻尾を振る犬。飛びついてぺろぺろなめる犬。幸せな光景を見て、私たちも幸せになって笑いあう。

ドラッグストアの前につながれて、待っている犬。なかなか買い物が終わらない飼い主を待っているのだが、悲しそうな声で呼んでいる。

「えらい子ね。もうすぐ出てくるからね」

と、このときとばかりに頭を撫でる。少し嬉しそうな犬。うふふ、少しの間私のものになってくれた。

そういえば、昔、実家で飼っていた犬のチロが5匹の赤ちゃんを産んだ。ころころしていて可愛い犬ばかりだった。引き取り手が1匹を除いてみんな決まった。やはり、可愛い順にもらわれていく。残った白黒の犬は実家で育てることになった。太郎と名付けられた。昔の犬らしい名前だ。おとなしくて、優しくてなかなかいい子だった。太郎も大人になり、私も結婚して東京に行ってしまう。帰るたびに太郎は大喜びしてくれた。

半年以上も離れているのに、太郎は覚えていてくれる。新大阪から地下鉄で一つ目の駅に実家がある。その駅で父と一緒に私を待ってくれていた太郎。そのときの喜びようは異常なくらい。

「太郎。覚えていてくれたの。ありがとう。元気だったのね」

大阪での休暇が終わり、帰ってしばらくしたら、太郎が亡くなったのだと聞いた。かなり年だったので弱っていたのだということだった。動物との思い出はいつも悲しみと背中合わせだ。

たかあきくんちの庭には猫が集まってくるようになった。父が餌をあげて可愛がっているのですよ、という。子猫も親が連れてきて可愛いらしい。かといって、家には猫も他の動物もいて（聞いても覚えられないのだが、狐っぽい犬だか何だかが2匹）、中では飼ってやれない。それに、外猫は警戒心が強くて簡単には慣れてくれない。見ていると、やはりどこかで飼ってもらえることが理想だと思い、もらってくれるところを探した。根津にある料理屋さんに引き取ってもらえることになったのだという。

私も、その料理屋さんには、連れていっていただいたことがある。古い瀟《しょう》洒《しゃ》な一軒家で、美味しくてとても気に入っていた。そこに、年取った猫がいて、お客さんの人気者だった。各部屋を回って自由に可愛がられている。私などは、早く回ってきてくれないかと気もそぞろだ。来てくれたらくれたで、どうぞこのままここにいますようにと祈るような気持ちでいる。料理屋の猫という、粋な雰囲気も醸し出していた。

「あの猫が亡くなったんですよ。それで寂しくて次の猫が欲しいってことだったから」

そうだったのか。三味線でも弾きそうな粋な猫が亡くなった。そこで庭の猫を、あちらこちら引っかかれながら、やっとの思いで捕まえ根津に。

「あれから、猫ちゃんはなついたのかしら？」

気になって訊いてみると、

「それが、連れていったんですが、緊張しているのか、親と離されたストレス

よく見ると
まつ毛が長い

かで、お腹を壊して、元気もないらしくて戻ってくるかもしれないのです。それに、こちらのほうの親猫は、他の子供を連れてこなくなったのですよ。警戒心ももっと出てきたし。猫たちはそのまま、外で暮らしているのが幸せだったのかと、みんなで話しているのですけどね」

自由にいつも食事にありつけて、病気もなく、交通事故にもあわなくて、いじめられもしない、そういう保証があれば外の猫たちも幸せにやっていけるのだろうが、難しい。結局は、もらわれていった猫も元気になり、その場所に馴染んだみたいで、そのうちお座敷猫としてお客さんの人気者になると思われる。見に行かねば。

外猫の世話をする人は偉い。尊敬する。Yさんの近くに外猫に餌をやっている男の人がいる。Yさんも、家で飼っている猫が贅沢を言って食べなかった餌をやりに行って、顔見知りになっていた。

「そういう理由でご飯あげにいったなんてね、恥ずかしいわ。ある日ね、その人が、家が立ち退きになりまして、引っ越さないといけなくなりました。後は、この猫たちよろしくお願いしますって、頼まれちゃったのよ」

犬
猫
Francfrancで
買ったミニチュア
ネズミ

その男性にしたら、後ろ髪を引かれる思いで引っ越されるのであろう。頼まれてしまったYさんの戸惑いも分かる。気まぐれに餌をやるだけではすまない問題が生じてくるのだ。やりだしたら、徹底的に、それがルールである。動物たちとの関わりに気まぐれでいられるのは、別に飼い主がいる場合のみ。

年を取って、独り身になって寂しくて、こんなときに猫でもいればどんなに癒されるだろう。しかし現実は猫を残して自分が先に逝ってしまったら、この子はどうなるの、と思うと無理だと諦めてしまう。美容院で見ていた雑誌に、そんな人のために、引き取り可能なペットを紹介するところが出ていた。それはいいね、と思って熱心に読みかけたら、はい、ではシャンプーしましょう、といわれ、中途半端な情報しか残らなかった。

もしかしたら、猫よりも長く元気に生きているかもしれないし、世の中は分からないが、こういうシステムもあると、安心して飼えるからいいかもしれない。私の周りで第一位に輝く猫たちの神様、けいこさん夫妻もそれを心配している。

「もし、私たちがね、一緒に旅をして飛行機事故にでもあったら、猫たちのことが心配なの。財産を猫たちに残して、可愛がってくださる方に猫と一緒に渡すって書いておかないと、と思っているのよ」

それは、家族のように愛する、物言えぬ動物への心遣いである。今度万が一、猫に生まれ変わったら、けいこさん宅の猫になれますように。

大事に大事に手をかけて、看病したのですが、それでもマリアを亡くしてしまいました。悲しみにくれています。今度東京に行きますのでお会いしたいのですが、お願いがあります。マリアの話はしないでね。というメールが届いた。しないですとも。でもね、けいこさんとお会いしたら、猫の話はついてまわるものね。どのメールも、年賀状も、猫たちの話が基本です。早く、元気になってね。東京にきたら、ぜひ連れて行きたいお店があります。楽しみです。と、返事をした。

猫づくし

「行ってきます。お留守番お願いね」

「はーい。お土産買ってきてね」

子供たちが幼かったころ、そこいらに打ち合わせに行くだけなのに、彼らはお土産を要求したものだった。そのころは、それを軽く受け流し、買ってきたり、来なかったりが普通だった。

ひじきはお土産お願いね、というような瞳で送り出してくれるものだから、帰る頃になるとその瞳を思い出す。彼のお土産の一番は猫じゃらし。未だ蒸し暑いが、9月の後半、猫じゃらしが枯れてきて、新しく生まれてくるそれは実に頼りないものになっている。こんなところで秋の訪れを感じながら、ほやんほやんの生まれたての猫じゃらしを1本抜き取り、これを今日のお土産とする。

「ただいま、お土産よ」

年齢とともに勢いのなくなったひじきは、にゃーんという口元をして喜んでいる。昔なら飛んできて飛び上がって猫じゃらしをくわえて走っていっただろうか。違った。猫じゃらしは遊んでもらう道具なんだから、早く振り回して、僕が取りそうになったら、さっと上げて、また、取れそうな位置で振り回してよ。そうそう、思い出した。ひじきはそれが、大好きな遊びの一つだった。

いまのひじきは、それをぎゃりぎゃりと2、3回噛んで飲み込む。どういう効果があるのかしらないが、そのイガイガとした感触が好きなのだろうか。そうなの？

「さー、僕にもよくわかんない。こないだ、3本持ってきてくれたでしょう。ちょっと、きつかった。1本だけで充分。やっぱり、あのイガイガが、喉に引っかかるのよ」

「ということは、あんまり好きじゃないってことじゃないの？　好きなものなら、いくらだって食べられるでしょう。かすみの、ル・コントのスコーン事件知ってるでしょう？」

「うんざりするほど何度も聞いたよ。お土産って、嬉しそうに持ってきてくれるんだもの、やっぱり、嬉しそうに反応しなきゃ悪いでしょ。そのうち、それが習慣になったのかもしれない。でも、だからって、やめないで。僕、嬉しいんだから」

まあね、お土産って嬉しいものだからね。愛されているという証だし。でもこれから当分は、猫じゃらしは期待しないで。夏の間の雑草だからね。はい、とひじきは返事してトイレに行ってしまった。

ベランダの鉢植えに、隠れるように猫じゃらしが咲いていたのを見たときは驚いた。生まれたてのそれは、柔らかなふさふさでいかにも美味しそうである。ひじきにうちで咲いたということを伝えて、希少価値なのを教え諭《さと》す。その後は、待つだけ。次はいつ食べられるでしょうね。

息子がブリーと暮らすようになって、猫のおもちゃを買って帰るのが習慣になっていた時期があった。鈴の入ったボールだったり、モールで出来た猫じゃらしだったり、棒の先にぴらぴらがついているものだったり、パーティグッズ

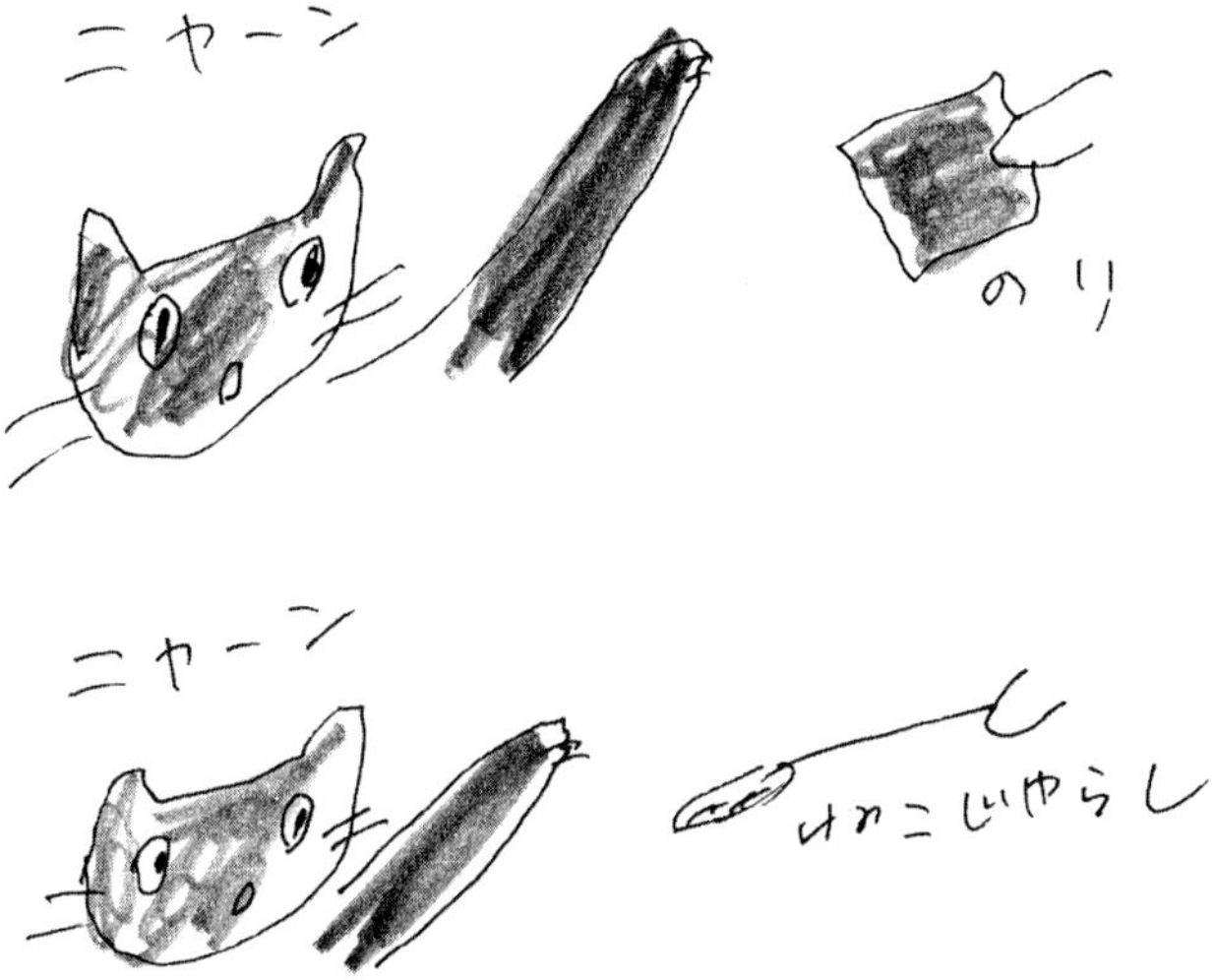
ニャーン
のり
ニャーン
ねこじゃらし

で、笛を吹くと紙で出来たじゃばらがぴゅーんと伸びるものとか、毛糸の先に魚の人形がついているものとか、

案外値段も高くて、すぐに作れそう、やめなさいと言いたくなるのを抑える。お土産は頂くのも買うのも楽しいものだから。

ブリーは、息子が外から帰ってくると、遊んでくれるものだと思って、おもちゃの一つを持ってやってくる。さんざん遊んでやっても、それに飽きたら次のおもちゃを持ってくる。次はこれね。

寝ていると、枕元にそれらのおもちゃがずらりと並べてあるらしい。現場を見たことがなく、息子の話だけなのだが、話に尾ひれが付いていても、これは可愛い。うちに泊まりにきたとき、息子が持ってきたおもちゃを、紙袋に入れて、仕事部屋に置いた。隠すわけではなく、お客様があったからだ。それを忘れていたのだが、ブリーは、探し当てて中のおもちゃを一つずつ運んできた。あ、彼が言っていたのはこういうことね。私に遊んでってことかしら、とわくわく待っていたが、一人で軽く遊んでぷいと他に行って寝転んでいた。やっぱりね、わくわく期待は煙になって外に飛んでいった。とほ。

さすがの彼も、今は、お土産のおもちゃを買って帰ることがないようだ。というか、買いつくしたのだろう。ブリーは私の毛糸を転がして、ほつれていくそれをいつまでも（取り上げるまで）遊んでいた。彼らは人工的に作られたものより、身近なものをおもちゃにしていく天才なのだ。われわれもそうありたい。

猫がタイトルになると、ん？と心動かされる。韓国映画の『子猫をお願い』、フランス映画の『猫が行方不明』、タイトルから自分のイメージが出来上がる。イメージを超えると、その映画の感動の渦に包まれながら、しばらくは酔えるのだが、イメージに到達しないとがっくり肩を落とす、という難儀な体質になってしまった。年齢とともにその感が強力になった。例えば、最近観た映画、フランソワ・オゾン監督の『ふたりの5つの分かれ路』。イメージは久し振りに素敵な大人のフランス映画では、と友人と出かけたのだが、肩をがっくり落とす部類に入ってしまった。イメージを作らずに、真っ白な気持ちで観られればいいのだが。

話が思わず脱線した。『猫が行方不明』は、まさにタイムリーでもあるタイトル。旅行に出かけるために猫を預かる商売をしている人のところに預けて、帰ってくると、猫はそこでいなくなってしまったらしい。それで必死になって探し回る、猫もひじきと同じ黒猫なので、早く出てきますように、元気でいますように、と祈るような気持ちで観る。ユーモアタッチの軽い映画なのに、力が入る。結局は、猫預かり所の冷蔵庫の裏側から出てきて、よかった。猫預かり所、託児所のようなこういうところがあるのね。バカンス大事の国だから、それもありなん、と思う。猫が行方不明になることは二度と御免である。

息子が面白いからといって『きょうの猫村さん』という漫画を貸してくれた。猫なのに普通の家庭の家政婦をしていて、とってもよく働く猫村さん。猫であることに違和感はないのだけれど、心配事があると爪とぎを始めたり、怖かったり驚いたりすると四つ脚で歩き出したりするのが、また可愛い。面白さで一気に読んでしまう。猫がまるで市原悦子ばりの好奇心旺盛で、ドラマ好きで、何かとそのドラマのテーマ曲を歌う、うふふ、猫村さんって。

読み終えても、もう一度はじめから、細かなところをチェックしつつ見る。

お泊まりで仕事に出かけるときは、ちゃんと歯磨きセットやら、タオルやら用

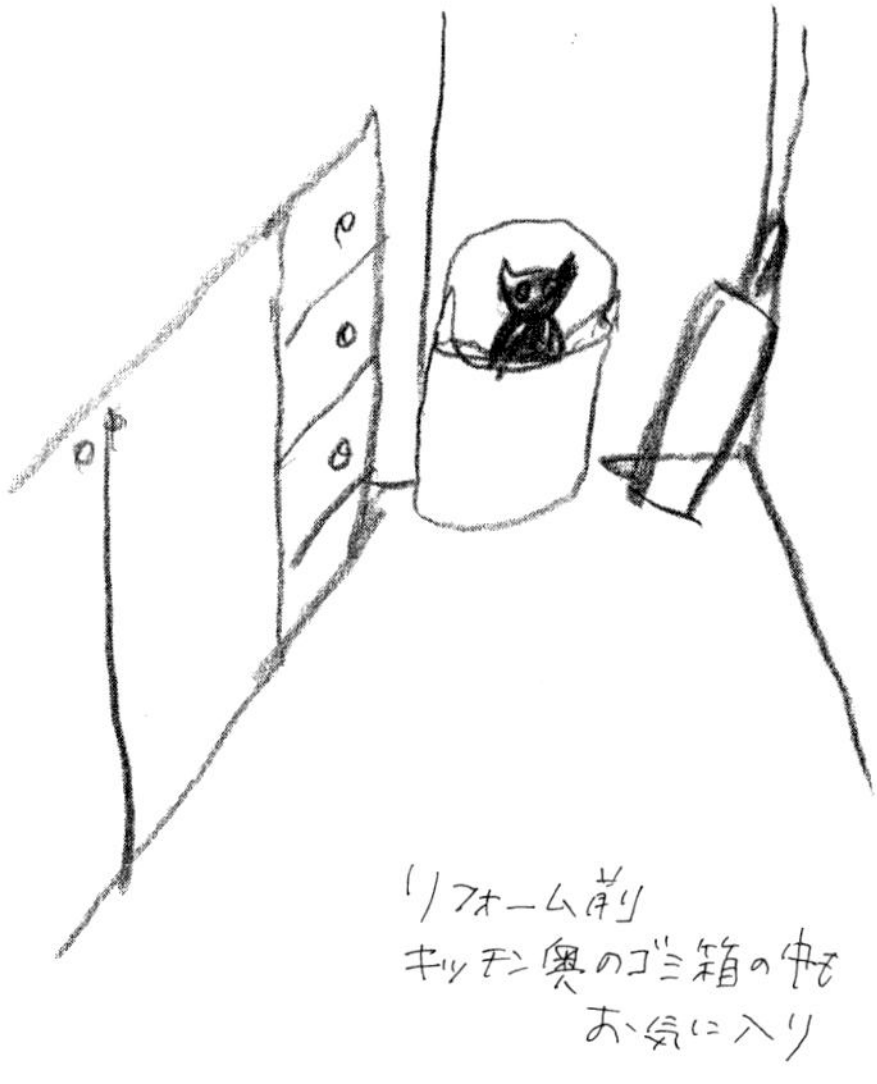
リフォーム前
キッチン奥のゴミ箱の中も
お気に入り

意。その歯磨きセットが、普通のビニールの筒状のもので、見覚えがあるからおかしい。絵が不器用そうなところがまたいい。

言葉遣いがまた、なかなか味のある猫村さんである。それなのに、にゃーと鳴いたりするところが、愛らしい。猫と人間の間をいったりきたりするのだが、知り合いの家政婦に、猫といわれ、

「何かってと、私の事、猫、猫ってさ、いやんなっちゃうわよね〜フ〜」

と、椅子に丸まって休んでいる。その椅子はお台所をするときの脚立代わりでもあるスツールだ。可愛い、可愛い。

うちの猫村さん、とひじきに声をかける。

「にゃー」

知ってか知らずか、調子よく返事するひじきは、そんな立派な猫がいるというのに、舌を小さく出して、お腹がすいたことを訴えるのである。はいはい、坊ちゃま、お待ちくださいね、ご飯が先ですわね。その後、間を置かずにお水でしたわね。お水も水道水じゃなく、ブリタのお水でしたわね。ハイ、承知しております。猫村さんなら、こう言って、てきぱき仕事をこなすだろう。

猫村さんねー、と何だか引きずりながら、外は暗くなってきた。日曜日、5時23分、あっという間に日が暮れる。

言葉を話す猫

話し下手なのがもっぱらの悩みである。講演の依頼などが来るたび、思っていることを上手に、つらつらと笑いも交えて山場を作り、感動の渦に巻き込み、ある人は号泣し、ある人は涙をこらえるのに必死、最後にはきちっと落ちを入れて、またこの人の話を聞きたいわという余韻を残しつつ、ごめんあそばせと去っていく、こういう人になりたいと切に思うわけだ。

「私は、極端なあがりしょうで、だから苦手なんですよ」

お断りする理由である。

「でも、文章読ませていただくと、すごくお喋り好きなように見受けられますのに」

「はあ、まあね、お喋りは好きなんですけどね」

どうしてこんな年齢になっても慣れないのでしょうね、泣きたいですわ、とうっかり愚痴をいいそうになる。

そんな私だが、好きなものを相手に伝えたいというときは、熱意が話し上手にさせているみたいなのだ、どうも。以前、『モンティ・パイソン』にはまりだした頃、その面白さを友人に伝えるのに身振り手振りも加えて説明するものだから、それを聞いているだけで面白く感じたらしく、友人はすっかり虜になってしまった。その頃、大森の映画館でそれをやっていると知り、二人で遠いのを物ともせず出かけた。予告の面白さが倍になって、友人は笑い転げていた。私は私で、彼女が笑ってくれているのが嬉しくて増幅して面白かった。その後は、池袋にまで、観に行った。まだビデオなどなく、テレビでやってくれるのを待つか、映画館に出向くより仕方なかった頃である。

そこでも椅子から転げ落ちんばかりに笑っていたが、周りはそこまでではない。どうして笑わないのかしらね、と思い出してまた笑っていた。最近そんな思い出話をしながら彼女は言った。

「映画ももちろんだけど、説明聞いているほうがもっと面白かったわよ」

伝えようという熱意、これが大事なのだろう。

ひじきが今、足元で何かを訴えたくて私の眼をしっかりつかまえながら鳴いている。

「ご飯なの？　お水なの？　おんもなの？」

簡単な方法で10を伝える。猫はいいな。

月に一度行っているお料理教室でも、お気に入りの猫村さんの本の話をした。誰も知らなくて、私はその面白さを伝える。みんな身を乗り出して聞いてくれる。みんな猫が好きなのだ。こうでこうで、ああなってこうなるの、盛り上がる。帰りに買って帰る、とわくわくしている。こういうことには話し上手なのだ、私。この調子で講演などに臨めばいいのだ。話したいことに焦点を合わせる。これだ。調子に乗って、本の内容をほとんど喋ってしまったみたいだけど、大丈夫だっただろうか。映画じゃないからいいか。

その後は、当然のごとく、飼っている猫の話になった。

「猫って、少し鍛えれば猫村さんになれる気がするわ」

「そうよ、猫って賢いんだもん。戸は開けられるし、うちの子なんか、筑前煮をぺろっと食べちゃったのよ。さー食べましょうと見たら何にもないの、こんにゃくや、にんじんまで食べられるなんて、だから、裏返せば、作れるかもしれないじゃない。食べたさからね」

「ははは、それはどうかしら。でも、猫村さんも、最初は火や水を怖がってたものね。学習しだいかしら」

まるで、猫村さんがノンフィクションであるかのように、我々の話も、他の人が聞いたら驚くくらいに、酔狂なものになっていく。

「それにね、前飼ってた猫なんかはトイレも人間のを見てそこでするようになったのよ。流すことはできなかったけどね。それも、教えれば出来たかも」

「老衰で亡くなるときも、トイレに力を振り絞って行こうとしていたの」

「まあ、感心なねこちゃん」

お互いに、自分の猫が立ち上がって、お手伝いなどするところを、想像して笑った。

そんな話を友人のたかあきくんに話していたら、

相原さんちの りりちゃん
①
できた、おいしそうな筑前煮
プルル〜
②
そうなの、今から私一人のお昼ごはん
筑前煮よ。ふふ、食べたいでしょ。
ムシャムシャ
③
えーっ
こんにゃくからにんじんから
何もかも食べられたのでした。
ペロペロ

「でも、玲子さんのほうが、早くから描いてたじゃないですか」

「うん、まあね、でも、顔が猫で、猫らしい習性は出さなかったしね」

32年前（すごい、そんなに前だったのだ）、「私の部屋」という雑誌があって、そこに、ロンロンママという漫画を連載していたのだ。猫でありながら、人間と結婚していて、子供は二人、猫の男の子と、人間の女の子、長い連載だったので、何の違和感も持たずに、その家族は私の一部になっていた。ロンロンママに励まされながら子育てしていました、という読者の方が今も、ロンロンママに愛着を持っていてくださって有難い。

30年前に、「ビックリハウス」という、萩原朔美さんが立ち上げた雑誌に漫画を連載することになったのも、ロンロンママを見てくださっての話だった。その雑誌での漫画はヘルプマン。ヘルプマンという若い男の人が事務所を開いていて、そこに、相談にやってくる人々を助けていくという話。ま、いうなればいわば駆け込み寺。やってくるのは、子供や、オールドミス（死語かも）、そして猫までいろいろ。

猫のお話はなかなか可愛く、自分でも気に入っている。ヘルプマンを訪ねてきたのは言葉を話すことが出来るマヨネーズ鈴木という名前の猫（友人の鈴木さん宅の猫の名前がマヨネーズだったから、それを拝借）、ヘルプマンは言葉を喋る猫を見て訝《いぶか》る。猫に似た小さな人だろうか、それとも、白昼夢。マヨネーズ鈴木は被っていたスカーフを取って、猫です、と告白する。

　ヘルプマンは、猫の話に耳を傾ける。ここはどんな相談ごとも受ける事務所である。実は、と猫が話し始める相談事は、子供の頃拾って、育ててくれた鈴木さんは、自分のことを可愛がって言葉などを教えてくれた。私もそれに応えて、いろいろなことが出来るようになり、お手伝いもして、お助けしていたのですが、近頃、大変なことがおきてしまった、という。それは、奥様が、猫の言葉を喋りだして、人間らしさがなくなってきたので、それを助けて欲しいのです、という。ヘルプマンが、それは困ったことですね、というと、そうにゃんです、という。あれ、なんか変だぞ、とヘルプマン。

「だから、助けてほしいにゃー」

　その後は、いってる言葉が意味不明。にゃいにゃい、と四足で、スカーフを落として走り去っていく。

という漫画を描いたことがある。細かいところまでは覚えていない。30年前だし。でも、どこか、猫村さんの親戚猫のようであったなあ。

ここ2年余りで撮り溜めていた写真を、プリントしてノートの形にして、個展をしているギャラリーに出した。簡単に考えていたが、このプリント、結構手間取るし、あっという間にインクがなくなってしまう。しかし、楽しい。どんどん作る。他の仕事を後回しにして、どんどんプリントする。毎日、それればっかりしていたい、というくらい、夢中になっていた。どういうわけか、写した写真が一部消えている。デジカメの不思議。パソコンの不思議。不思議でもなんでもなく、自分のパソコンに対するいい加減な知識のせいである。

そのなかに、ひじきの写真もいくつか入れた。人の飼っている猫の写真など、嫌がられるかな、と恐る恐る入れたのだが、予想に反して、ひじきちゃんの入ってるノートが欲しいと、探している人が多かったのである。よかった。

猫好きはそんなものである。ある猫の写真展を見たとき、可愛くて素敵で、どの写真も買って帰りたかった。若い女性のカメラマンで、素直に、構えず、猫との生活を写真にしていた。一緒に行った、カメラマンを職業にしているM

ひじき ブルーサルビアを食べる
のみとりバンドをしています。
2歳

さんも、

「なんだか、目からうろこモノの写真展だったわ」

「ほんと、そんな感じ。自然体の視線がいいのね」

カメラを持ち歩くようになって、きれいな瞬間、素敵な断片を探して切り取っているが、普通に日本の暮らし、洗剤があっても、ホースが落ちていても、猫のいい瞬間だから、と撮っている。素敵に撮れたのだけど、私のスリッパが入っちゃった、自分の影が写って失敗。という、そういう神経をポーンと忘れて、自然であること。そうなのね。そこがなかなか難しい。そんな目線でひじきを写そうっと。

寄り添いながら

いつも突然やってくる息子に、ひじきは別に、という顔をしている。やってくると、すぐにブラッシングしてくれるのだが、そこでやっと、ぐるぐる、甘えて体を預けるようだ。

「猫のことをよく知ってるお方が来てくれた、と言ってるよ」

そういえば、耳掃除も彼がすると嫌がらないし、お風呂も我慢している。かすみのときもそうだった。私がひじきの耳掃除をしようと綿棒を持ってくると、それだけでぴったり、耳を閉じてしまう。目薬も嫌がって、目をきつく閉じるのだ。私は彼流に言わせると、猫のことをよく知らないお方だ、ということになるだろう。

「佳有《かう》は前世が猫だったんじゃないの」

「まあね、だけど前世占いで、あなたはグレース・ケリーの生まれ変わりですっていわれたけどね。ははは」

「はははは、そういえばそういってたね。私がまだ、結婚前に大阪に住んでいたころ、グレース・ケリーが訪ねてきて、離れの部屋に泊まっていただいたことがあったものね。って、もちろん夢の中の話だけど」

「何か、関係あるのかな」

「やっぱり、グレース・ケリーだったのかしら。ははは」

「ひじきは指揮者のカラヤンだしね。カラヤンのCDをかけると、プレーヤーのそばまで寄って聞き耳をたてていたことがあったもの」

　なんて、日本人の庶民がこんなことを半分本気で話し合っているのもふざけた話である。が、そう思っていたい。しかし、勝手に選んでいいものなら、私はそうねー、シャネルとか、といいつつも他になかなか思い浮かばない。私が生まれたときに亡くなっている人を選ぶのは、やさしい事ではない。キュリー夫人とか、ヘレン・ケラー、マリー・アントワネット、うんと古い人しか探せない自分が哀しい。何も女性に限らないのだから、それなら、ギャツビー、ヘミングウエイ、マチスなんかもいいな、と選び放題だ。

友人がやはり前世占いをしてもらったところ、墓掘人だとか言われ、笑いながらも落ち込んでいた。知らないほうがいいこともあるかもしれない。昔の映画で『天国から来たチャンピオン』というのがあって、すぐに生まれ変わって、以前の恋人と知り合うというロマンティックな物語があったけれど、それはちょっといい話だった。

ひじきのコミュニケーションはもっぱら、見つめること、舌をちょろっと見せること。小さく鳴くこと、シニアな猫はこんなにも静かだ。小さな合図で100を読む私。つーかーの仲である。シニア猫にはシニアな私。シニアの痛みが分かりますー、と唄いながらひじきについて歩く。

とはいうものの、ひじきも私もシニアというものを認めてはいない。こんな私が何でシニアなの、と不満たらたら。それでも、映画館ではシニア料金に喜んでいるのだが。ひじきも毛布を前足できゅっきゅっと赤ちゃんのようにやりながら、

髪が長くて束ねている
息子、かすみを洗っている
かすみ
じっと見ているれいき
洗面器

「何で僕がシニアなわけ？　何でシニア用のご飯なわけ？」

と不満たらたら。

「猫の場合は6歳からもうシニア扱いなのよ。ひじきは16歳なんだから、シニアを二周り以上しているのだから、仕方ないわねえ」

ひじきは驚きのあまり、卒倒しそうになって、

「6歳からシニアって、そんな馬鹿な、誰が決めたの、玲子が決めたの？」

「決めるわけないでしょう。世間が決めたの、動物学者が決めたんじゃないの」

ふうん、とひじきは納得したのかしないのかごろんと横になって目をつぶった。シニアの二周りで、どっと疲れが出てきたかのようだった。

　知り合いの猫のショセットちゃん、12歳。シャム猫で、だから、茶色のソックスを履いたようで、その名前に。生まれつき目がほとんど見えず、右足の骨が一本ないという障害があって、だからこそ飼い始めたという。優しい人なのだ。だから、犬のように散歩に連れていってあげるとか。少し歩けば満足していて、それでも散歩が好きで、ドアの前に座って待っている。

「これが、その写真なの」

ドアの前で寝転んでこちらを見ているショっちゃん。はいはい、行きましょうねと声をかけたくなる風情だ。

「そんなものだから、ほら、この写真」

2枚目と3枚目の写真はショっちゃんがソファに乗ろうかと思案しているところと、ソファの上から降りようかと躊躇しているところだ。

「たった30センチの高さなんだけどね」

うちのひじきはどうなのだろう、と定規を取り出して、ベッドとソファの高さを測ってみる。どちらも約40センチだ。近頃は、寒くなってきたこともあって、ベッドで寝ていることが多い。彼も以前のようにすんなり飛び上がっているようには見えないが、一応、これからの季節の定位置である。

文句も言わずに、彼ら猫たちは自分の行動のできる範囲で幸せを探している。ひじきは、一人になってゆっくり休みたいときはベッドにいる。秋だもの、バスルームみたいな寒いところはやだ、という。我が家では、どちらかというとひじきに季節を教えられている。そういえばそうね、秋だわね、という風。

大阪のけいこさんが丹波の枝豆を送ってくれた。メールも届いた。お婆さん猫が亡くなって、今は若い男の子中心、内外ともに16匹の男の子、女の子は4匹ということ。喧嘩が絶えなくて、収拾がつかなくて困っています。ま、けいこさんのことだから、上手くやっているはず。

そういえば、食事をご馳走になったとき、猫がテーブルに上がってくるので、御免なさいね、躾が悪くて。と追い払うものの、次の子が狙っていて、ぴょんと上がってくる。

猫の嫌いな人なら大変ね、ま、そういう方は招《よ》べないけどね。ほんと、ほんと、私は上がってこないかなと期待しているぐらいだ。いいの、いいの、そのままにしといて。テーブルにぴょんぴょん飛び乗れるくらい元気なときはそうすればいいのよ、うちの子なんか、とてもテーブルには飛び乗れない。いずれそういうときが来るのだもの、自由にさせてあげて。

ベッドに長々と寝ているひじきは実に気持ち良さそうだ。さて寝ましょうか、と私は、いかにひじきの邪魔をしないように寝るか、策を練る。動かしたら嫌がるし、かといって、せっかく来てくれているのだから、寄り添って寝たい、そんな無理な姿勢で寝ているものだから、危うくベッドから落ちそうになった。
彼の支配下にあるベッドに、今夜も寝させてもらいます。

留守番猫のすごし方

11月21日、寒くなった。毎年夏が耐え難い暑さで、東京はアジアのどの国よりも暑いと、嘆いているが、さすがに冬はやってきた。ひじきの居場所といえば、お天気のいい日は、ベランダのぽかぽかした場所で、のんびりと寝ている。少し肌寒くなったのだろう、部屋に入ってきた。にゃーといいながら。

「おかえりおかえり。帰ってきたのね。日が落ちてきたのかしら。洗濯物を取り入れましょうね」

ベランダと私がパソコンに向かっている場所は目と鼻の先なのだ。だから、ひじきが部屋に入ってきたのはお見通しなわけだが、驚いた顔をしてやる。その後は、ソファに飛び乗って寝る。あ、合間で残したご飯をがりがり。

　ひじきの冬の1日を最初からお話ししたい。私より早く起きているときは、リビングにいて、私を見ると、にゃー。おそいにゃーとでもいいたいのだろうか。今日は私が起きても、ひじきはまだ寝ている。寒いから出たくないのかもしれない。とことこと起きてきて、にゃー、お腹空いたよ、というわけだ。食べて、お水を飲んで、トイレに。そのあとは、あったかいベランダに。お天気が悪いときは、またベッドに戻ることもある。

　ご飯は必ず3分の1は残す。後で食べるのだ。小腹が空いたとき用に残してるんだという。偉い。私が出かけるとき、ご飯、お水はたっぷりめに入れておく。帰ってくると、それはすっかりなくなっている。

　どの時間に食べたのか知りたいと思う。考えるに、きっと私が出かけて間もなく食べているのではないかと推測する。ではないかしらね。だって、玄関を開けるや否や、にゃー、お帰り、お腹も空いた、というのだから。

　こんな風に、動きもシンプルになってしまったひじき。ベランダで寝ているひじきを見て、まさか息はしているよね、と心配になり、お腹の辺りのかすかな動きにほっとする。外に出てはしゃぎまわって、呼びに行っても、無視してどこかに行ってしまい、夜中じゅう遊ぶ。どうしてそんなに外が好きなのと呆れたり、ひやひやしたり、ひじきに振り回されていた日々が嘘のようだ。ついこの間までそうしていたように思えるが、いまのひじきをみていると、それって、誰のこと？と言いかねない。

ずっと続いていくというものは何もない。街だってどんどん様相は変わるし、知らない間に、周りもどんどん新しい関係が作られている。２年前には考えもしなかった変化にちゃんと馴染んでいる自分がいる。空の高いところから私たちを眺めたら、早回しの映像のように、慌ただしくせかせかと動いているのかもしれない。仕方ない。それが人生だもの。

テレビでドイツのテディベア祭りというのをやっていて、どういうのかと、見ていたら、ドイツのどこかに住む幼い男の子が、自分の可愛がっているテディベアを、半分いやいやダンボールに詰めている。半分は少しわくわく気分が見て取れる。それを郵便局に持っていって、どこかに送るのだ。

送られた先は、ある夫婦のお宅。ありとあらゆるテディベアが並んでいる。ダンボールから、送られてきたテディを取り出して飾る。それからどうするの、興味津々だ。次の場面では、夫婦が手押し車にそれらのテディベアを乗せて引きながら、いろんなところにその子たちを連れていくのだ。公園で、街の中で、カフェで、その子たちはずっと一緒。そして一人一人、その背景の写真に収まる。そう、テディベアが旅をするのだ。

ダンボールに入れられて帰ってきた坊やのテディベア、一緒に入れられていたのは、そのアルバムだった。ギリアちゃんの旅というタイトルのアルバム。あら、何だか素敵。そのテディベアは他のお友達と一緒に楽しい旅をしてきたわけだ。粋な企画だなと思った。

雑誌で、猫を連れて外国を旅する若い夫婦の写真を見たことがある。猫は黒猫だったから、心の底から羨ましかった。いいな。もちろん猫は首輪にリードをつけているのだが、無理がなく、風景を楽しんでいる様子だった。日本から行ったのかしら、それとも、外国に住んでいる夫婦なのかしら、その辺りが重要な気がするが、判明していない。

犬を連れて旅する人は多い。ホテルも大丈夫、列車も平気、飛行機も座席で抱っこという人もいた。家族の一員なのだから、留守番させるのも辛いものだ。

ひじきとの旅、まあ、夢にでも見られれば、それでよし。

それにしても、手押し車に熊たちを乗せて引いて歩く姿はのんびりと楽しそうだった。いろんな国からのテディの参加を待っています、ということである。いかが？

動物を飼っていると旅するときがひと苦労。私は息子にブリーとともに泊まり込んでもらう。彼が出かけるときは、ブリーを預かる。すっかり馴染んだころに迎えに帰ってくるから、少し寂しい思いをするわけだ。

雪の新潟に2泊3日の旅をした。2泊だし、ブリーを連れてくるのも大変だと思い、娘に頼んだ。メールのやりとりで、彼女は勘違いしたらしい。ひじきをお願いといったつもりが、ひじきはいいよ、と取ったらしい。

そんなこととは知らないで、ふんふん、つかれたと鼻歌を歌いながら帰ってきたら、ひじきがにゃー。いつもと違うにゃーには、怒りが混じっているようだ。

「え、ひじきちゃんどうしたの」

餌の袋が外からかじられて、ぼろぼろに。これはもしや、と確認したら

「ひじきは大丈夫って訊いたら、大丈夫って言うから、行かなかったんだけど」

2泊で良かった。本当に可哀想なことをしてしまった。どんなに寂しかったやら。心細かったやら。

「ひー君、のんたん、のんこちゃん、ひーたらら、ごめんね」

4匹いるわけではない、全てひじきの別名である。

どんなことがあるか分からないから、餌はひじきの手に届く位置に置いておこう。こんな風に破ってでも食べてくれるのだから。

そういうときに、鍵を預かって、猫と遊んでやり、ご飯を食べさせるというのを、職業にしている人がいるという話を聞いた。ペットホテルに預けるよりも安心だ。猫好きで猫のオーソリティでもある人だ。

オーソリティというと、テレビで動物のことが分かるアメリカの女性がいた。動物に触っているだけで、考えていることが分かるらしい。それをいうと、僕だって分かるよ、と息子は言う。飼っている猫や犬なら分かるだろうが、そうじゃなく、初めて会う犬の悩みや、痛みを言い当てるという。眉唾物《まゆつばもの》よ、と何

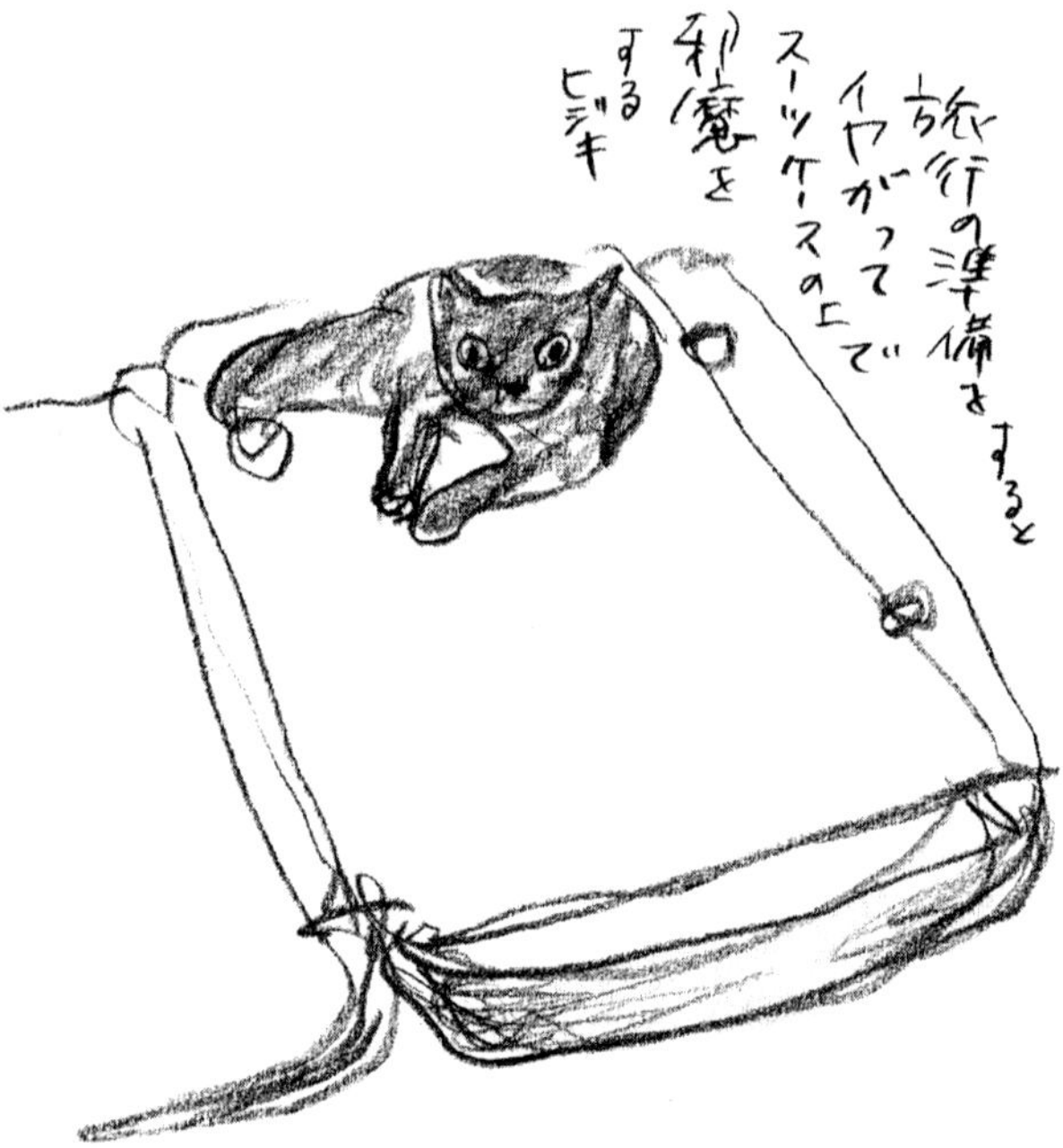
旅行の準備をすると
イヤがって
スーツケースの上で
邪魔を
する
ヒジキ

でも疑ってかかる傾向にある私ははすに構えながら見ていた。

　日本人の依頼者が、その人に自分の犬を見て欲しいという。手に腫瘍が出来て余命が短いといわれ、犬も元気がなく、家族中が沈んでいるという。そこにその人がやってきて、犬を撫でると、いままで一睡もしなかった犬が安心してすやすやと眠りだした。眉唾や、やらせでは動物までも操れないし、ひょっとして、と思ったらぐいぐい引き込まれて見てしまう。

　犬の希望は痛みを取り除いて欲しいことだという。そして家族がなぜ、沈んでいるのか分からない。以前と同じように明るく楽しくして欲しいのだと思っているというのだ。それを聞いて、家族たちは抱き合って泣くし、見ている私も涙が止まらない。結局は、痛みを取るために、その腫瘍が出来た部分の脚を切ることを決断。後日談では、片足をなくしたが元気いっぱいの犬と明るさを取り戻した家族が出てきて、よかったねで終わった。

　泣きすぎて目が腫れぼったくなり、その日は仕事もせずに早く寝た。私は近頃、動物が出る番組に弱い。相手がチンパンジーだろうが、パンダであろうが、ペンギンであろうが。こないだはあなごの番組まで熱心に見ていた。あなごが、どんな筒なら喜んで入るだろうかという実験だ。

尻尾と頭が入りさえすれば、間が空いていても問題ないのだ。それで安心するのだろう。正面から見ると、何匹もがぎゅうぎゅうに入っていて、面白い。

思わず、可愛いといいそうになったが、長いからだはちょっとね、可愛いとは言いかねる。お寿司で食べると美味しいが。と美味しい堺の穴子寿司屋さんを思い出す。また、食べたいです。

出会いは運命

「ひぃ君、お出かけしてきますから、お留守番お願いね」

ひじきは、ベッドの中で尻尾を振っている。彼なりのスケジュールでは、眠りに入ろうとしていたところなのだ。

それを無視して、かわいこあかちゃん、ねんねしてますか、などと触りまくると、一応ぐるぐると反応して、こちらの手やほっぺを舐めてくる。嬉しいのね、と、調子に乗ると、がぶりとかまれることがある。

ついつい、反応してしまったけれど、本当はぐっすり眠っていたのに、嫌なのよ、そっとしておいて欲しい、という心の表れである。

尻尾を振っているひじきを置いて、今日は一人で馬事公苑に、カメラを持って出かけた。なんと、こうして馬事公苑に一人でやってきたのは初めての経験である。誰かを誘って、誘われて行くのが普通であった。歩いて15分ほどの場所にある、馬事公苑でさえそうなのだから、いかに、一人ぼっちを嫌っていたかが証明される。

2時半、冬の撮影には少し遅すぎるが、ま、いいか。来年の春に、写真中心の個展をやるつもりなので、今から少しずつ、撮りためていこうという思い。12月15日、紅葉にはもう遅すぎて、写すべき対象が些少だが、人がほとんどいないのが気持ちいい。この後、どこかでお茶をしながら文庫を読もう、とバッグにドン・ウィンズロウの『ストリート・キッズ』を忍ばせている。

縦横無尽に公園を歩き、写真を撮り、ゲートを出る。農大がやっている、食と農の博物館、入ったところにカフェがあった。ここがいい。ケヤキ広場に面していて、吹き抜けの天井までガラス張り、途中、鉄骨がストライプに入っているが、外の風景が手に取るように見えて、素敵。男の子たちが自転車でぐるぐる回ったり、スケボーを練習していたりと、ここから見ると幸せな情景。本を読むのに熱中していても、勿体ないような気持ちで、外を見る。ひじきはど

カーテンの後ろにいて外を見る

うしているだろうか。まだ寝ているかしら。

隣の蔦屋書店でDVDを買う。2枚2500円というのを4枚。『日の名残り』『恋愛適齢期』『ビフォア・サンライズ恋人までの距離』『ビフォア・サンセット』。安い、嬉しい。

その後は、三越ストアで食パンを。いつもの道を通らず、遠回りして帰る。へえ、こんなマンションが出来ているんだ、ここのお家なかなかいいな、道が入り組んでいるところが、世田谷、この辺りの特徴である。おや、うちのペットたちの病院が見えてきた。じゃ、左に回ればもうすぐ、あらら、見たことがある建物と思ったら、うちじゃないの、ちょうどいいところに出てきたのであった。

何もかも新鮮な思い、一人で出かけるって素敵だ。時間を見ると、まだ4時半。たった2時間なのに、いろんなことがいっぱい出来たわけだ。不思議。人と一緒だと喫茶店でお喋りして終わる時間だ。不思議。

次のお休みにも、どこかに一人で出かけよう。あそこがいいか、ここがいいかと、思いを巡らす。で、ひじきだ。彼はまだ寝ていた。同じ場所で、同じポーズで。尻尾を振ったときと寸分変わらず寝ていた。

「ひー君、ただいま。早かったでしょう」

ほんと、早い、どうしたの？一体という顔をしている。さもありなん、仕事場に出かけても、他の用事でも、こんなには早く帰ることは、まあない。出かけると、恐ろしいほどの長い時間をひじきは過ごさなくてはならない。ひとりでどんな風に退屈を紛らわすのか、いや、猫の字引には退屈という文字はないのかもしれない。

お腹が空いたとき、喉が渇いたとき、そろそろ帰ってくるだろう、それがサイン。しかし、え、用意してある？　こんなときはもっと遅いということだ、まいったな、というのが、日常である。

ひじき、今日は馬事公苑に行ってね、写真をいっぱい撮ってね、その後、眺めのいいカフェで本を読んでいたのよ。それからＤＶＤとパンを買って帰ってきたのよ。そうそう、ひー君の嫌いな病院も見えた。かすみの予防注射の案内が来なくなったけど、先生はかすみが死んじゃったことご存知なのかな、言うタイミングがなくて、そのままにしているんだけどね。

2時間の楽しいひと時を過ごした余韻がひじき相手にお喋りになっていた。そんなことより、まだ、眠いの。ひじきはそのままの形でまた、目を閉じた。はいはい。

アルバムを見ると、ひじきとかすみが2ショットで写っている。同じ毛布に包まって寝ていたり、同じ椅子に納まっていたりする。かすみはしっかり者の、やきもちやき、ひじきはおっとりで、それでいて、自分の意見を通す、かすみに一歩を譲る、といった私の勤務評定（勤務？）は、案外間違っているのかもしれない。二人でいるときを、こっそりビデオにおさめておけばよかった。

寝るときは、必ずかすみが私にぴったりと寄り添っていた。ひじきは、足元に寝ていた。私と向かい合って寝るのが、彼女の特徴。こちらが寝返りを打って、方向を変えると、必ず回ってきて私の前にきた。うるさいほどに、それを繰り返す。そこが可愛いのだけれど。

ひじきは、そのときの癖があるのか、今も、足元で寝る。最初のうちは横にいてくれるのだが、気が付くと、もういない。足元にごろんといる。そんなひじきを起こさないように、寝返りを打つのも気を遣う。掛け布団の上にごろん、

ピクピクと耳が動く

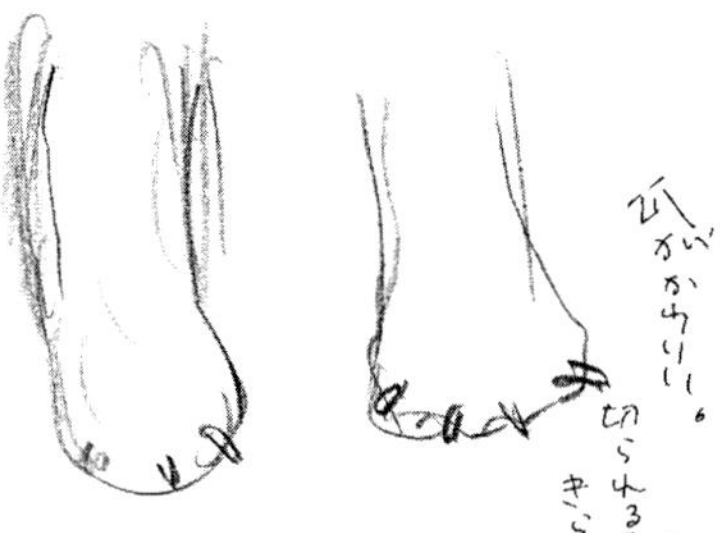
爪がかゆい。
切られるのが〜
きらい。

あの身体が重石のように乗っているのだから、掛け布団を引っ張るのも容易ではない。大抵は先に寝ているのだから、私はその間にするりと、身を横たえる。ひじきを動かさないように気を遣いながら。ひじきがいる幸せを噛み締めながら。

大阪のけいこさんちの猫たちの中に、早く寝ようと、叫ぶ子がいた。とどろくような声で、2階から、呼び続ける。仕方ないから、2階のベッドに入って、寝たふりをして、猫ちゃんが寝てからそっと出てくるのだとか。

いろんな子がいて面白い。何匹も飼っていると、何倍もの楽しさがあるのだと思う。ひじきには、もう無理。自分の存在理由に、疑問を持ってしまうペットもいるはずだ。実は、かすみを飼う前に、文鳥を飼っていた。かすみを連れて来たその日の夜に亡くなってしまったのだ。その日まで元気にしていた文鳥のピータが、どういう理由からか、亡くなった。存在理由を失くして憔悴《しょうすい》してしまったのだろうか。それなら、本当に悪いことをした。彼らは喋れない分、デリケートな生き物なのである。本当に可哀そうだった。

猫と住むきっかけはいろいろある。息子は、ペットショップで見かけたアビ

捨てようと思ってベランダに置いてある
カゴで日なたぼっこ

シニアンに一目で引き付けられて、お金はないけれど、ローンを組んで家に連れて来た。ひじきは、息子がゴミと一緒に箱に入れて捨てられていたのを連れて来た。渋谷のころのミルクは通りがかりの生垣で鳴いていて、その向かいにいる高校生に、その子を飼ってやってください、と懇願されて連れて来た。大阪の実家の猫は、目の前が線路で、その向こうにいた。母が、猫ちゃーんと呼ぶと、線路を越えてやってきた。そのまま居ついてしまった。

その頃は、線路の柵がなくて、私たちは平気でそこを通って向こうに渡っていた。事故もなかったわけではない。赤ちゃんがそこで遊んでいて、電車が来たが、赤ちゃんの頭上を通り過ぎて無事だったらしい。その赤ちゃんはもう60近いおじさんになっているが、彼は長生きするだろう。かくいう私も、中学生のとき、友人と笑いながら手を振って別れ、電車が近くに来ているのに気付かなくて、渡ろうとして、電車の激しい警笛で、足が竦《すく》み助かった。

九死に一生という言葉のとき、思い出すのはこれ。私も長生きするだろうか。線路向こうからやってきた猫が、電車に轢かれなくて本当に良かった。線路向こうの猫を呼ぶのは無茶である。

Ｋさんちの猫は、お母さんがゴミの日に、段ボール箱を出した。畳まずにそのまま、出したらしい。そしたら、そこに猫がやってきて子供を産んだ。だからその猫たちは、Ｋさんちのものとなった。可愛い話である。

猫たちと飼い主との出会いは全て運命、ロマンティックな運命。だからこんなに愛しい。

あとがき

ひじきが外で遊ぶのが何より大好きだった頃、ひじきの匂いで、どこで遊んでいたかが分かることがあった。湿った匂いがするときは、給水タンクの下で昼寝をしていたのだ。あそこは、夏でもひんやりと涼しそうである。

花びらを付けている時があった。桜の季節である。花吹雪のなかを嬉しそうに走っているひじきを想像した。可愛い。枯れ草の匂い、金木犀の匂い、この辺りは自然があるわけではないけれど、お隣さんの大きな庭や、マンションの竹が植わっているコンクリート塀など、彼にとっては充分な遊び場所だった。

ベランダからそこを眺めているだけで、もう外に出なくなったひじきは、あの頃のことを覚えているのだろうか。今、ひじきは机の下で、腕を伸ばして椅子の足にぴったり。可愛い、いい子ね、と頬ずりをして、またパソコンに向かう。ぐるぐる言いかけて、なんだよ、もう少し構ってよ、と言いたげ。

　一年に一度の排水溝の検査があって、おじさんがやってきた。私は今日であることをすっかり忘れていて焦る。ひじきは、ソファに寝ていたのだが、我慢も限界に来たと見えて、飛び降りて、ベッドルームに向かう。

　閉まっていたドアを開けて中に入れてあげる。検査が終わり（お風呂場と、キッチン、洗濯機）印鑑を押しておじさんたちは出ていった。ひじきの隠れているベッドルームに。

「ひじきちゃん、もう終わりましたよ。でも、いつもいうけど少しも怖がることないのよ」

　ベッドの上にいない。クロゼットの扉を頭で開けて、その中に隠れていた。とはいっても、頭かくしてなんとやら、で黒い丸いお尻が隠れていない。

　若かった頃なら、探すのが苦労だった。チェストの下の方、クロゼットの奥のバッグの上などに隠れていたりした。そんなときは、どんなに呼んでも応えないし、その気になるまで出てきてくれない。もしかしたら、知らないうちに外に出たのかもと、外を探しに行ったりしたこともあるのだ。帰ってきたら、ひじきがどこからか出てきてあくびをしてから伸びをした。もう、返事してよね。

そういうことを考えると、このひじきの丸いお尻を眺めながら、不憫《ふびん》な気持ちに。いいのいいの。私だって、以前のように、走り回ってひじきと呼びながら探し回ることは、大変だし、この大きなひじきを抱っこして3階まで上れる気力もないかもしれない。

抱っこしないで、階段を上らせればいい、とお思いだろうが、いやいや、捕まえられて帰ってきたのだから、手を離したら、Uターンして外に遊びに出てしまう可能性があるものだから、過保護に見えようが仕方ない。

そんなところがあった。高いところが好きで、そこに飾ってある骨董の器を割ってくれたこともあった。網戸は何度取り替えても上るので諦めた。夏にはその穴から蚊が入ってくる。ベッドルームの網戸は、簡単に開いてしまうため、その窓からひじきが外に落ちてはいけないので、網戸をガムテープで止めた、汚ならしい。元気いっぱいのひじきに振り回されながら、16歳、いや、17歳だっけ。

また、机の下から呼ぶ。今度はご飯らしい。食べる口元をするので分かる。食べ終わるとお水を飲んで、トイレに。それから、なぜか物入れのドアをかりかりする。

開けてあげる。あ、別に用事はない、とベッドルームへ。え、もしかして、ベッドルームのドアと間違ったのでは、そんなことないか。ついついいろんな心配がよぎるのである。ひじき、元気でいつまでも、一緒にいようね。いつまでも。

2006年3月

西村玲子

この作品は書き下ろしです。

黒猫ひじき

2006年3月15日　第1刷発行

著　者　西村玲子

発行者　坂井宏先

編　集　株式会社牧野出版

発行所　株式会社ポプラ社

〒160-8565　東京都新宿区大京町22-1

電話　03-3357-2212（営業）

03-3357-2305（編集）

0120-666-553（お客様相談室）

ファックス　03-3359-2359（ご注文）

振替　00140-3-149271

第三編集部ホームページ

http://www.poplarbeech.com

印刷・製本　図書印刷株式会社

N.D.C.914／200p／20cm

ISBN4-591-09193-7

グークー
スー